FADIAN YU GONGDIAN ZHUANYE
SHIXUN ZHIDAO SHU

发电与供电专业实训指导书

主　编◎邓志明

副主编　林良才　范宇航　费正阳

参　编　刘桃生　王瑞成　杨家国

　　　　王　杰　苏　鹏　郭明远

主　审◎杨贵恒

哈尔滨工程大学出版社

Harbin Engineering University Press

内容简介

本书针对军地通用的发电与供电专业岗位能力需求，以75GF康明斯柴油发电机组、50GF康明斯柴油发电机组和固定台站6 kW柴油发电机组等三型电源装备为载体，梳理出21个发电与供电专业士官岗位典型工作任务，并归纳为7个学习项目：电工基本操作、电动机运行与拆检、电动机控制线路的安装与调试、同步发电机的维护、柴油发电机组的操作使用、柴油发电机组的维护保养、柴油发电机组的参数调整。

本书主要作为各院校发电与供电专业学员的教材使用，同时也可供部队从事发电与供电岗位的士兵和地方相关技术人员作为参考用书。

图书在版编目（CIP）数据

发电与供电专业实训指导书 / 邓志明主编 . -- 哈尔滨：哈尔滨工程大学出版社，2021.9
　　ISBN 978-7-5661-3238-3

　　Ⅰ．①发… Ⅱ．①邓… Ⅲ．①发电机－学习参考资料②供电－学习参考资料 Ⅳ．① TM31② TM72

中国版本图书馆 CIP 数据核字（2021）第 189854 号

发电与供电专业实训指导书
FADIAN YU GONGDIAN ZHUANYE SHIXUN ZHIDAO SHU

选题策划　史大伟　薛　力
责任编辑　薛　力
封面设计　李海波

出版发行　哈尔滨工程大学出版社
社　　址　哈尔滨市南岗区南通大街 145 号
邮政编码　150001
发行电话　0451-82519328
传　　真　0451-82519699
经　　销　新华书店
印　　刷　哈尔滨市石桥印务有限公司
开　　本　787 mm×1 092 mm　1/16
印　　张　12.25
字　　数　260 千字
版　　次　2021 年 9 月第 1 版
印　　次　2021 年 9 月第 1 次印刷
定　　价　66.00 元
http://www.hrbeupress.com
E-mail:heupress@hrbeu.edu.cn

编 写 说 明

　　本书是军队重点建设教材，在立项建设过程中，编者深入一线部队，对陆勤部队发电与供电专业技能进行全面梳理，坚持以岗位需求为依据，以军士职业技术教育的教学思想为指导，从编写思路到内容形式，都做了探索和尝试，力求体现现代军事职业教育教学理念，突出"贴岗强能、上岗顶用"的军士教育教学总要求，紧密围绕发电与供电岗位的实际工作，以任务为引领，以学员自主训练和自主学习为主导，努力达到提高学员岗位任职能力和职业素养的目标。

　　本书共7个项目。"项目一电工基本操作"主要训练导线连接与绝缘恢复，以及万用表、兆欧表和绝缘电阻测试仪等常用电工仪表的使用技能；"项目二电动机运行与拆检"主要训练三相异步电动机的运行维护、拆装和检修技能；"项目三电动机控制线路的安装与调试"主要训练三相异步电动机直接启动、双重联锁正反转和星三角降压启动等典型控制线路的安装与调试技能；"项目四同步发电机的维护"主要训练单相同步发电机、三相同步发电机的构造分析和维护技能；"项目五柴油发电机组的操作使用"主要训练柴油发电机组的单机和双机并车发配电操作，以及电源车的开设与撤收技能；"项目六柴油发电机组的维护保养"主要训练柴油发电机组"三滤"的维护保养，以及喷油器的维护和气门间隙检查调整等机组主要维护保养技能；"项目七柴油发电机组的参数调整"主要训练柴油发电机组中的柴油机和发电机两大部分的运行参数检查与技能调整。

　　本书大胆创新、体例新颖、图文并茂，在编写过程中力求体现以下特点：

　　1. 内容丰富实用。本书在编写过程中遵循士官学员"形象思维强，抽象思维弱"的认知规律，书中大量采用岗位实践中的真实图片，尽量精简文字描述，辅以大量的数据表格，并采用彩色印刷方式，以提高直观性和实用性。

　　2. 注重自主学习。本书在编写过程中遵循"基于岗位工作任务"的课程设计理念，按照任务"准备—展开—实施—验收"的完整流程实施技能训练，以"提示和批注"配合"任务实施步骤及要点"强化学员主动学习意识；以"任务书和相关标准"引领学员主动参与教学训练全过程；以"实施心得和体会"和"效果评估"验收教学训练效果，重视在实践中培养学员的学习能力、实践能力和创新能力，充分体现"做中学"的特点。

本书由军队院校联合基层部队和装备生产厂家三方合作完成，主要面向发电与供电专业学员、陆勤部队从事发电与供电岗位的士兵和地方企业相关技术人员。

本书由中国人民解放军海军士官学校（以下简称海军士官学校）邓志明、刘桃生、王瑞成、王杰、苏鹏和郭明远，92985部队林良才、92038部队范宇航、92602部队费正阳，以及江西清华泰豪三波电机有限责任公司杨家国共同编写，全书由邓志明统编定稿。陆军工程大学通信士官学校杨贵恒担任本书的主审。在本书编写过程中，陆军工程大学军械士官学校张凌、海军工程大学杨坤、92677部队毕德志和海军士官学校余敏、褚仁华、张松涛等为本书提出了大量宝贵意见，海军士官学校王冕、刘亚丽等为本书的资料搜集和校对做了大量工作，在此一并表示衷心的感谢！

由于编者水平有限，书中难免有疏漏和不妥之处，恳请各位读者批评指正。

编　者

2021 年 7 月

目　录

项目一　电工基本操作

任务1-1　导线连接与绝缘恢复

一、任务目标

（1）了解导线连接的基本要求。

（2）了解导线绝缘恢复的方法。

（3）掌握导线连接与绝缘恢复的技能。

二、任务器材及设备

（一）实习用器材

1.单芯铜塑线（图1-1）

图1-1　单芯铜塑线

2.塑料软导线（图1-2）

图1-2　塑料软导线

3.七芯硬导线（图1-3）

图1-3　七芯硬导线

4.塑料护套线（图1-4）

图1-4　塑料护套线

5.黄蜡带（图1-5）

图1-5　黄蜡带

6.绝缘胶带（图1-6）

图1-6　绝缘胶带

（二）实习用工具

1.电工刀（图1-7）

图1-7　电工刀

2.剥线钳（图1-8）

图1-8　剥线钳

3.钢丝钳（图1-9）

图1-9　钢丝钳

三、任务内容

（1）剖削导线。

（2）连接单芯铜塑线。

（3）连接七芯硬导线。

（4）导线的绝缘恢复。

四、任务实施步骤及要点

（一）剖削导线

在连接绝缘导线前，需要先去掉导线连接处的绝缘层并露出金属芯线，再进行连接。不同种类的导线，剥除绝缘层的方法也不相同。

1.单芯铜塑线

（1）芯线截面积不大于4mm²的，一般用钢丝钳或剥线钳剖削。

①左手捏导线，根据线头所需长度用钢丝钳钳扣切割绝缘层。

②右手握住钢丝钳头向外勒除塑料绝缘层，如图1-10所示。

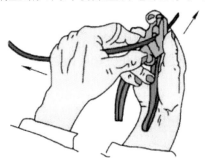

图1-10　钢丝钳剥离导线绝缘层

（2）芯线截面积大于4mm²的，一般用电工刀或剥线钳剖削。

①根据所需长度用电工刀以45°切入塑料绝缘层，如图1-11所示。

图1-11　电工刀45°切入塑料绝缘层

②刀面与芯径保持15°～25°，用力向线端推削，如图1-12所示。

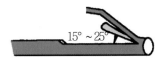

图1-12　推削导线绝缘层

③将下面的塑料绝缘层向后扳翻，最后用电工刀齐根切去，如图1-13所示。

批注及提示：

图1-13　齐根切去绝缘层

2.塑料软导线

塑料软导线一般用剥线钳剖削。将导线需剖削处置于剥线钳合适的刀口中，握住手柄，轻轻用力即可切断、剥离导线绝缘层。

提示：不可用电工刀剖削软导线。

3.塑料护套线

塑料护套线一般用电工刀剖削。

（1）按所需长度用电工刀刀尖对准缝隙划开护套层，如图1-14所示。

图1-14　刀尖划开护套层

（2）向后扳翻护套层，用刀齐根切去，如图1-15所示。

图1-15　齐根切去护套层

（3）在距离护套层5～10 mm 处，用电工刀按照剖削单芯铜塑线绝缘层的方法，剥除内部导线绝缘层，如图1-16所示。

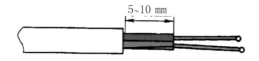

图1-16　剖除内部导线绝缘层

（二）连接单芯铜塑线

1．一字形连接

（1）按芯线直径 40 倍左右长度去绝缘层，并拉直芯线。

（2）把两线头在离芯线根部 1/3 处成 X 形相交，如图1-17所示。

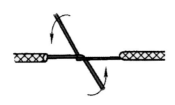

图1-17　导线线头X形相交

（3）把 X 形相交线头互相绞接2～3圈，如图1-18所示。

图1-18　互绞线头

（4）扳直余下导线线头，如图1-19所示。

图1-19　扳直导线头

（5）将线头分别沿对方芯线紧密缠绕 6～8 圈，如图1-20所示。

图1-20　密绕线头

（6）用钢丝钳切去多余的芯线，钳平切口，如图1-21所示。

图1-21　钳平切口

2.T字形连接

（1）将支路芯线的线头与干线芯线去绝缘层，十字相交，如图1-22所示。

图1-22　十字交叉连接导线

（2）将支线线头在干线上绕1圈后跨过支路芯线（打结），再在干线上紧密缠绕6～8圈，减掉多余线头并钳平末端，如图1-23所示。

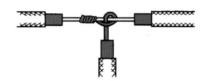

图1-23　支线缠绕干线

（3）对于芯线截面积大于2.5 mm^{2}的导线，一般不打结，直接在干线上紧密缠绕6～8圈，如图1-24所示。

图1-24　单芯铜塑线T字形连接

（三）连接七芯硬导线

1.一字形连接

（1）拉直去绝缘层的多股芯线，再把靠近绝缘层的约$L/3$芯线绞紧，把余下芯线部分松开并扳直，呈伞骨状，如图1-25所示。

图1-25　导线伞骨状线头

（2）把两个伞骨状芯线一根隔一根地交叉，如图1-26所示。

图1-26　导线伞骨交叉

（3）扳平所有交叉芯线，并将每一边的芯线线头按2根、2根和3根分作三组。

（4）先将左边第一组的2根线头翘起，紧密缠绕芯线2圈，并把余下线头向右折弯平行紧靠导线，如图1-27所示。

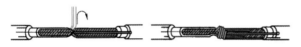

图1-27　导线交叉夹紧

（5）以同样方法将左边第二组的2根线头翘起，压住第一组线头密缠2圈，再右折弯在芯线上，如图1-28所示。

图1-28　缠绕第二组线头

（6）以同样方法将左边第三组的3根线头翘起，压住第二组线头密缠3圈，再钳去多余线头，如图1-29所示。

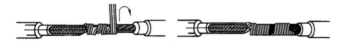

图1-29　缠绕第三组线头

（7）以同样方法绕右边线头，最后连接好的导线如图1-30所示。

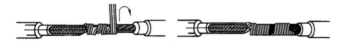

图1-30　七芯硬导线一字形连接

2.T字形连接

（1）将分支芯线靠近绝缘层的约$L/8$芯线绞合拧紧，其余芯线散开按3根和4根分为两组，如图1-31所示。

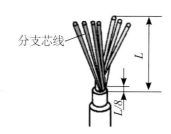

图1-31 七芯硬导线T字形连接准备

（2）将第一组的4根分支芯线插入干线芯线中间，如图1-32所示。

图1-32 支线穿插干线

（3）将第一组4根分支芯线朝干线芯线右边缠绕4～5圈，将第二组3根分支芯线朝干线芯线左边缠绕4～5圈，如图1-33所示。

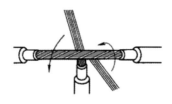

图1-33 对向缠绕线头

（4）用钢丝钳切去支线多余的芯线，并钳平芯线末端，最后连接好的导线如图1-34所示。

图1-34 七芯硬导线T字形连接

（四）导线的绝缘恢复

1.一字形接头绝缘恢复

（1）将黄蜡带从接头左边绝缘完好的绝缘层上开始包缠，

包缠两圈后进入裸露芯线部分，如图1-35（a）所示。

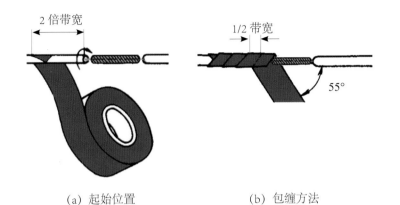

（a）起始位置　　　　　　（b）包缠方法

图1-35　包缠黄蜡带

（2）与导线成 55° 倾斜角包缠黄蜡带，每圈压叠1/2带宽，如图1-35（b）所示，包缠到接头右边两圈距离处的完好绝缘层处。

（3）将绝缘胶带接在黄蜡带的尾端，如图1-36所示，按另一斜叠方向从右向左包缠，仍每圈压叠1/2带宽，直至将黄蜡带完全包缠住。

2.T字形分支接头绝缘恢复

T字形分支接头的绝缘处理方法与一字形类似，走一个T字形的来回，如图1-37所示，最终使每根导线上都包缠两层绝缘胶带，每根导线都应包缠到完好绝缘层的两倍胶带宽度处。

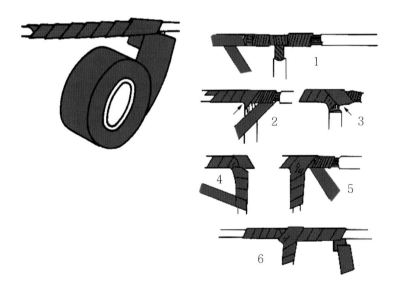

图1-36　反向包缠绝缘胶带　图1-37　T字形分支接头绝缘恢复

> 批注及提示：
>
> 提示：包缠处理应用力拉紧胶带，不可稀疏，不能露出芯线。

五、任务书和相关标准

（一）任务书

子任务1. 导线绝缘层的剖削

1. 截面积大于4 mm²的单芯铜塑线可用_____来剖削绝缘层；

（1）先根据需要的长度用电工刀以_____°角倾斜切入塑料绝缘层；

（2）然后刀面与芯线保持_____°角左右，用力向线端推削，削去上面一层塑料绝缘层；

（3）将下面塑料绝缘层向后扳翻，然后用电工刀切去。

2. 塑料软导线绝缘层的去除应用____剖削，不能用____剖削。

3. 塑料护套线绝缘层的剖削，必须用_____来剖削：

（1）先按所需长度用电工刀刀尖对准_____划开护套层；

（2）向后扳翻护套层，用刀切去。

子任务2. 导线的连接

1. 单芯铜塑线一字形连接：

先将两导线端去其绝缘层后做_____相交，然后互相绞合_____圈后扳直，再在两线端分别紧密向芯线上并绕_____圈，最后剪去多余线端并钳平切口。

2. 单芯铜塑线T字形分支连接：

支线端和干线_____相交，使支线芯线根部留出后在干线缠绕一圈，再环绕成_____，收紧线端向干线并绕_____圈剪平切口。

3. 七芯硬导线的T字形分支连接：

先将支路芯线靠近绝缘层的约_____芯线绞合拧紧，其余芯线分为两组；一组插入干路芯线当中，另一组放在干路芯线前面，分别朝左右两边缠绕_____圈，最后钳平芯线末端。

子任务3. 导线绝缘层的恢复

应从导线_____开始包缠，同时绝缘胶带与导线应保持一定的_____，每圈的包扎要压住带宽的_____。

（二）相关标准

导线连接和绝缘恢复的技能标准参见表1-1。

表1-1 导线连接和绝缘恢复的技能标准

项 目	技 术 要 求
导线绝缘层的剖削	1. 剖削工具选择合理； 2. 剖削方法正确； 3. 剖削导线芯线无损伤，长度合适（一般取长 50～100 mm）。
导线的连接	1. 导线缠绕方法正确； 2. 缠绕导线紧密整齐； 3. 切口平整
导线的绝缘恢复	1. 胶带缠绕方法正确； 2. 缠绕胶带整齐可靠，无芯线外露

 **六、任务结束工作**

（1）将多余的导线整理归位，清洁实习场所。

（2）清点整理工具，擦拭干净后放回工具柜。

七、任务实施注意事项

（1）操作电工刀时要特别注意安全，不要误伤自己。

（2）剖削导线时不得割伤芯线。

八、任务实施心得与体会

内容参见附录A。

九、任务实施效果评估

内容参见附录B。

任务1-2　万用表使用与元器件检测

一、任务目标

（1）了解万用表的面板结构。

（2）掌握利用指针式万用表测量色环电阻的技能。

（3）掌握利用数字式万用表测量电阻、交流电压以及检测二极管和三极管的技能。

二、任务器材及设备

（一）实习用器材

1.色环电阻（图1-38）　　2.二极管（图1-39）　　3.三极管（图1-40）

图1-38　色环电阻　　　　图1-39　二极管　　　　图1-40　三极管

（二）实习用仪表

1.指针万用表（图1-41）　　　2.数字万用表（图1-42）

图1-41　指针万用表　　　　图1-42　数字万用表

三、任务内容

（1）认识MF47型指针万用表。

（2）MF47型指针万用表测量色环电阻的阻值。

（3）认识DT9205A数字万用表。

（4）利用DT9205A数字万用表测电阻、交流电压以及检测二极管和三极管。

四、任务实施步骤及要点

（一）认识MF47型指针万用表

MF47型指针万用表是一种磁电系便携式电表，常用于交直流电压、电阻等电气参数的测量，其操作面板组成如图1-43所示。

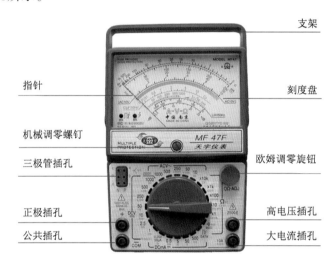

图1-43　MF47型指针万用表操作面板组成

（二）利用MF47型指针万用表测量色环电阻的阻值

1.使用前准备

（1）检查确认万用表的电池按要求上好，如图1-44所示。

图1-44　检查MF47型指针万用表电池

（2）机械调零

水平放置万用表，看表头指针是否处于左侧零刻线上，若不在零位，应使用小螺丝刀调整表头下方机械调零旋钮，使指针回到零位，如图1-45所示。

图1-45　机械调零

（3）连接好万用表红黑表笔，如图1-46所示。

图1-46　连接万用表表笔

2.选择量程

先估读被测色环电阻的阻值，再选择量程。如果不能估出被测电阻阻值，一般将开关拨在"R×1K"的位置进行初测，如图1-47所示。

图1-47　选择测量量程

3.欧姆调零

将红黑表笔两端短接，调整欧姆调零旋钮，使指针对准刻度盘右侧欧姆"0"位上，如图1-48所示。

图1-48　欧姆调零

4.测量

一手执色环电阻，一手握笔，进行测量，如图1-49所示。

图1-49　测量色环电阻的阻值

5.读数

计算最终测量阻值，阻值=刻度值×倍率。

（三）认识DT9205A数字万用表

DT9205A数字万用表是一种全挡位、全量程的防烧数字万用表，可测量交流电压、电阻以及检测二极管和三极管等，其操作面板组成如图1-50所示。

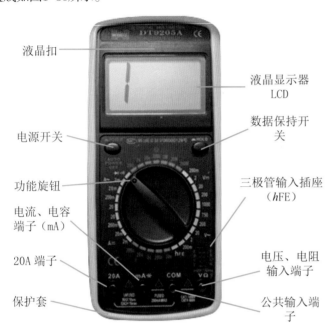

液晶扣

液晶显示器
LCD

电源开关

数据保持开关

功能旋钮

三极管输入插座
（hFE）

电流、电容
端子（mA）

20A端子

电压、电阻
输入端子

保护套

公共输入端子

图1-50　DT9205A数字万用表操作面板组成

（四）利用DT9205A数字万用表测电阻、交流电压以及检测二极管和三极管

1.测电阻

首先，红表笔插入VΩ孔，黑表笔插入COM孔，量程打到"Ω"挡；然后，分别用红黑表笔接电阻两端金属部分；最后，直接读出显示屏上的数据即为被测电阻的阻值，如图1-51所示。

图1-51　利用DT9205A数字万用表测色环电阻的阻值

2. 测交流电压

表笔接法同测电阻，首先，量程打到"V~"挡位置；然后，分别用红黑表笔接到被测电压两端；最后，直接读出显示屏上的数据即为被测电压值，如图1-52所示。

图1-52 利用DT9205A数字万用表测交流电压

3. 检测二极管

（1）表笔接法同测电阻，首先，把量程打到"+"挡，经验判断二极管的正负极；然后，用红表笔接正极，黑表笔接负极；最后，直接读出显示屏上的数据即为二极管的压降，如图1-53所示。

提示：一般来说，普通二极管有色端标识一极为负极；发光二极管长脚为正，短脚为负。

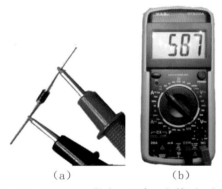

（a）　　　　　（b）

图1-53 DT9205A数字万用表正向检测二极管

（2）交换表笔，若显示屏上为"1"（图1-54），则正常；否则此管已被击穿。

图1-54 利用DT9205A数字万用表反向测二极管显示值

4. 检测三极管

（1）参照检测二极管的方法，找出三极管的基极b（图1-55），并判断三极管的类型。

问：β值是三极管的什么参数？

图1-55 检测判断三极管的基极和类型

（2）把量程打到"hFE"挡，根据判断类型插入相应的PNP或NPN插孔（图1-56），显示屏中的数值即为β值。

问：三极管分哪两种类型？

图1-56 测三极管的β值

五、任务书和相关标准

（一）任务书

1.使用两种类型万用表分别测量同一个色环电阻的阻值，并完成表1-2。

表1-2　色环电阻阻值的测量

电阻编号	查表估读值	指针万用表测量值	数字万用表测量值	备注

2.使用数字万用表，完成表1-3中的参数测量。

表1-3　数字万用表的使用

测量项目	测量对象（型号/类型）	选用量程	测量值	备注
交流电压				
二极管（压降）				
三极管（β值）				

（二）相关标准

常见的四环和五环色环电阻的颜色对照表参见表1-4。

表1-4　色环电阻颜色对照表

色环环数	第一环	第二环	第三环	乘数	误差率
黑	0	0	0	1	
棕	1	1	1	10	±1%
红	2	2	2	100	±2%
橙	3	3	3	1K	±3%
黄	4	4	4	10K	±4%
绿	5	5	5	100K	
蓝	6	6	6	1M	
紫	7	7	7	10M	
灰	8	8	8	100M	
白	9	9	9	1000M	
金	-1	-1	-1	0.1	±5%
银	-2	-2	-2	0.01	±10%
无色					±20%
色环环数	第一环	第二环	第三环	乘数	误差率

六、任务结束工作

（1）将测试所用器材复位，清洁实习场所。

（2）清点、整理工具仪表，归整好后放回工具柜。

七、任务实施注意事项

（1）每次测量前都要对万用表做一次全面检查，以核实表头各部分的位置是否正确。

（2）测量时手指不要触及笔的金属部分和被测元器件，以免触电和影响测量准确度。

（3）测量过程中不可转动量程开关，以免开关的触头产生电弧而损坏开关和表头。

（4）万用表使用后应将转换开关旋至空挡或交流电压最大量程挡，对于长期不使用的万用表，应将电池取出。

八、任务实施心得与体会

内容参见附录A。

九、任务实施效果评估

内容参见附录B。

任务1-3　接地电阻的测量

一、任务目标

（1）了解接地电阻测试仪的结构组成。

（2）掌握接地电阻测试仪的正确使用方法。

二、任务器材及设备

（一）实习用仪表

1.ZC29型接地电阻测试仪（图1-57）

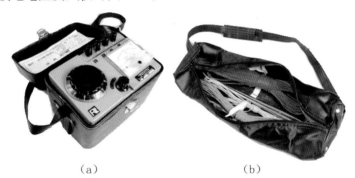

（a）　　　　　　　　　　　（b）

图1-57　ZC29型接地电阻测试仪

2.VC4105型接地电阻测试仪（图1-58）

（a）　　　　　　　　　　　（b）

图1-58　VC4105型接地电阻测试仪

三、任务内容

（1）认识ZC29型接地电阻测试仪。

（2）ZC29型接地电阻测试仪的使用。

（3）认识VC4105型接地电阻测试仪。

（4）VC4105型接地电阻测试仪的使用。

四、任务实施步骤及要点

（一）认识ZC29型接地电阻测试仪

ZC29型接地电阻测试仪是电工和通信部门测量各种装置接地电阻的专业仪表。它一般配置一套主机包和一套辅助配件包（2根辅助接地棒和3根长分别为5 m、20 m、40 m的测试线），如图1-59所示。

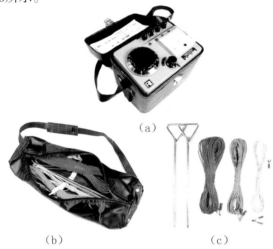

（a）

（b）　　　　　　　　　（c）

图1-59　ZC29型接地电阻测试仪及配件

ZC29型接地电阻测试仪是一种指针式的摇表，其主机面板结构如图1-60所示。

1—倍率开关；　　　　2—接地电阻旋钮；　　　3—E 端口（接地体）；
4—E 端口（接地体）；　5—P 端口（电位体）；　6—C 端口（电流极）；
7—摇柄；　　　　　　8—检流计。

图1-60　ZC29型接地电阻测试仪主机面板结构

（二）ZC29型接地电阻测试仪的使用

1. 接线

两个E端子用镀铬铜板短接，并接在5 m测试线上，导线的另一端接接地体测试点；P柱接20 m线，导线另一端接辅助接地棒1（插入土中）；C柱接40 m线，导线另一端接辅助接地棒2（插入土中），如图1-61所示。

批注及提示：

提示：3根测试线应基本保持一条直线。

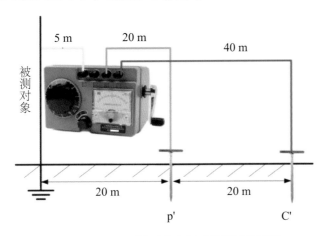

图1-61 ZC29型接地电阻测试仪测试接线图

2. 机械调零

仪表置于水平，检查确认检流计指针归零，如图1-62所示。

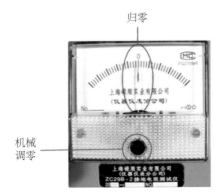

图1-62 检流计机械调零

3. 选择挡位

将倍率开关旋在最大挡位（×10挡位），调节接地电阻值旋钮至6~7 Ω位置。

4. 测量

（1）右手缓慢转动手柄，同时左手缓慢顺时针转动接地电阻旋钮。

（2）若检流计指针从中间的 0 平衡点向右偏转，说明量程选择过大，可将倍率开关调到 ×1 挡位；若偏转方向还是偏右，可将挡位转到 ×0.1 挡位。

（3）当检流计指针接近0时，逐渐加快手柄转速，使手柄转速达到 120 r/min。

5.读数

被测电阻值=接地电阻旋钮上读数×倍率挡。

（三）认识VC4105型接地电阻测试仪

VC4105型接地电阻测试仪是另一种常用的数字式接地电阻测试仪表。它的配件包括2根辅助接地棒和3根测试线（分别长5m、10 m和15 m），如图1-63所示；主机面板如图1-64所示。

主机

辅助接地棒

测试线

图1-63　VC4105型接地电阻测试仪

1—测试按钮　　　　　2—数字保持开关　　　　3—电源开关
4—量程开关　　　　　5—测量输入端口（P2）　6—测量输入端口（E2）
7—交流电压测量输入端口（E1）　　　　　　　8—被测对象地端口（P1）
9—LED 显示屏

图1-64　VC4105型接地电阻测试仪主机面板

（四）VC4105型接地电阻测试仪的使用

1.开机

按下电源键。

2.接线

P1空置；E1端口接在5 m绿色测试线上，导线的另一端接接地体测试点；P2端口接10 m黄线，导线另一端接辅助接地棒1（插入土中）；E2端口接15 m红线，导线另一端接辅助接地棒2（插入土中），如图1-65所示。

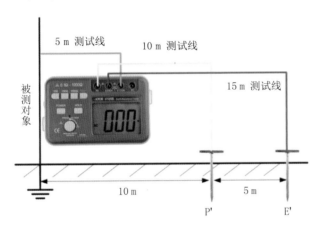

图1-65　VC4105型接地电阻测试仪测试接线图

3.测试

先选择最大量程，按下1 000 Ω按钮，再按下测试按钮，背光将会点亮表示正在测试中。

若显示值过小，则按照100 Ω、10 Ω的顺序切换。此时显示的值就是被测接地电阻值。

4.读取测量值

按下保持键，读取液晶显示屏上的数值，并做好记录。

五、任务书和相关标准

（一）任务书

根据任务分工，完成表1-5。

表1-5 接地电阻的测量

序号	测试对象	选用测试仪表型号	时间	天气	测量值	结论

（二）相关标准

常见的接地电阻阻值标准参见表1-6。

表1-6 常见的接地电阻阻值标准

项 目	技 术 要 求
独立的防雷保护接地电阻	不大于10 Ω
独立的安全保护接地电阻	不大于4 Ω
独立的交流工作接地电阻	不大于4 Ω
独立的直流工作接地电阻	不大于4 Ω
联合接地电阻	不大于1 Ω
防静电接地电阻	不大于1 000 Ω

六、任务结束工作

（1）将测试现场复位，清洁实习场所。

（2）清点整理仪表，擦拭干净后放回工具柜。

七、任务实施注意事项

（1）接地电阻测试要尽量避开强电场。

（2）待测接地体应先进行除锈等处理，以保证可靠的电气连接。

（3）每个接线头的接线柱都必须接触良好，连接牢固。

（4）接地棒插入的土质必须坚实，不能设置在泥地、回填土、树根旁、草丛等位置。

八、任务实施心得与体会

　　内容参见附录A。

九、任务实施效果评估

　　内容参见附录B。

任务1-4 电动机绝缘电阻的测量

一、任务目标

（1）了解常用兆欧表的结构组成。

（2）掌握使用兆欧表测电机绝缘电阻的技能。

二、任务器材及设备

（一）实习用器材

三相异步电动机（图1-66）。

图1-66 三相异步电动机

（二）实习用仪表

ZC25-4型兆欧表（图1-67）。

图1-67 ZC25-4型兆欧表

三、任务内容

（1）认识ZC25-4型兆欧表。

（2）利用ZC25-4型兆欧表测量电动机绕组绝缘电阻。

四、任务实施步骤及要点

（一）认识ZC25-4型兆欧表

ZC25-4型兆欧表额定电压为1 000 V，量程为1 000 MΩ，是电工部门用来检测额定电压在1 000 V以下的低压线路或者低压设备绝缘情况的专业仪表，它的结构组成如图1-68所示。

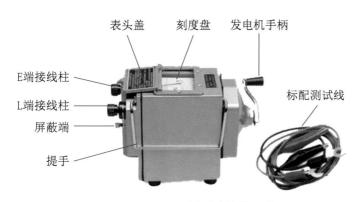

图1-68　ZC25-4型兆欧表结构组成

（二）利用ZC25-4型兆欧表测量电动机绕组绝缘电阻

1. 检查兆欧表

（1）开路试验。

摇动手柄使发电机达到120 r/min的额定转速，观察确认指针偏向刻度盘左侧"∞"的位置，如图1-69所示。

图1-69　兆欧表开路试验

问：兆欧表手摇发电机发出的是交流电还是直流电？

提示：兆欧表使用时，必须水平放置。

（2）短路试验。

慢慢摇动发电机手柄，观察确认指针偏向刻度盘右侧"0"的位置，如图1-70所示。

图1-70　兆欧表短路试验

2.接线

打开电动机接线盒，正确连接兆欧表和电动机绕组接线。兆欧表测量电机绕组对地绝缘和绕组相间绝缘接线分别如图1-71和图1-72所示。

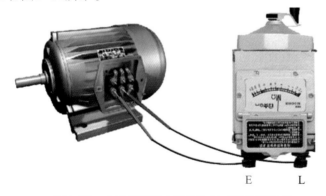

图1-71　兆欧表测量电动机绕组对地绝缘接线

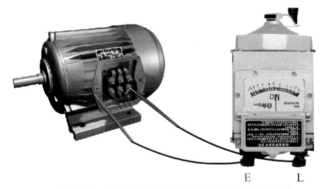

图1-72　兆欧表测量电动机绕组相间绝缘接线

3.摇测并读数

摇动手柄时应由慢渐快至额定转速120 r/min，在匀速转动1 min后，边摇手柄边读数，如图1-73所示。此时读取的电阻值就是被测绝缘电阻值。

图1-73　兆欧表测量读数

五、任务书和相关标准

（一）任务书

表1-7 三相电机绝缘阻值的测量

测试（记录）人		测试日期				
天　气		气温 /℃				
兆欧表	型号规格	额定电压		出厂编号		
被测电机						
检查对象和次数	型号规格	额定电压		接线方法		
绝缘电阻实测值 / MΩ	U– 地（壳）	1	2		3	平均值
	V– 地（壳）					
	W– 地（壳）					
	U–V					
	U–W					
	V–W					
存在问题及处理情况						
结论						

（二）相关标准

各类电机和电缆线路的绝缘电阻值标准参见表1-8。

表1-8 各类绝缘电阻值标准

项　目	技　术　要　求
交流电机绕组绝缘电阻值	不小于0.5 MΩ
直流电机绕组绝缘电阻值	不小于0.5 MΩ
380 V 低压线路相与相绝缘电阻值	不小于0.38 MΩ
220 V 低压线路火与零绝缘电阻值	不小于0.22 MΩ
1 kV以下电缆的绝缘电阻值	不小于10 MΩ
6～10 kV电缆的绝缘电阻值	不小于400 MΩ
20～35 kV电缆的绝缘电阻值	不小于600 MΩ

六、任务结束工作

（1）将被测电机接线盒复位，清洁实习场所。

（2）清点整理测量仪表，擦拭干净后放回工具柜。

七、任务实施注意事项

（1）禁止在雷电时或高压设备附近测绝缘电阻，只能在设备不带电的情况下测量。

（2）选用兆欧表额定电压要大于被测对象额定电压。

（3）摇表线不能绞在一起，要分开。

（4）摇表未停止转动之前严禁用手触及。拆线时，也不要触及引线的金属部分。

八、任务实施心得与体会

内容参见附录A。

九、任务实施效果评估

内容参见附录B。

项目二　电动机运行与拆检

任务2-1　三相异步电动机的运行与维护

一、任务目标

（1）掌握三相异步电动机的运行方法。

（2）掌握三相异步电动机的维护方法。

（3）掌握三相异步电动机电枢绕组首尾端判别方法。

二、任务器材及设备

（一）实习用器材

1.鼠笼式三相异步电动机（图2-1）

图2-1　鼠笼式三相异步电动机

2.电动机导线（图2-2）

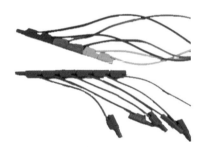

图2-2　电动机导线

3.干电池（图2-3）

图2-3　干电池

（二）实习用仪表

MF47型指针式万用表（图2-4）

图2-4　MF47型指针式万用表

三、任务内容

（1）电动机的运行。

（2）电动机的维护。

（3）电枢绕组的首尾端判别。

四、任务实施步骤及要点

（一）电动机的运行

1.接线

根据铭牌要求，按照三角形（△）连接或者星形（Y）连接方法连接电源线，如图2-5所示。

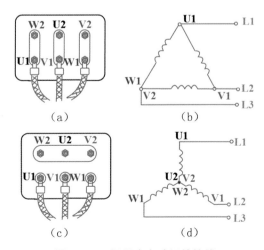

图2-5　三相异步电动机的接线

2.启动

接通电源，电动机开始启动。

3.观测

电动机在运转过程中，注意观测：

（1）听声音，声音应均匀，无杂音；

（2）测温度，温度值应在正常范围内；

（3）测电流，三相电流应基本平衡，不平衡度不超过5%，且不超过额定值。

提示：新加注的油脂要与原牌号相同。

（二）电动机的维护

1.保持清洁

对于电动机外壳、风扇罩以及防护等级在3以下（含3）的电动机内部的灰尘、油污及其他杂物等要经常进行清除，以保证良好的通风散热和避免对电动机部件的腐蚀，如图2-6（a）所示。

2.检查安装部位

对于电动机、基础架构以及配套设备之间的安装连接部位，应经常进行检查，发现有松动应及时修复。

3.检查电动机各处紧固螺栓和皮带轮顶丝

在停机时，检查和紧固电动机上各处的安装螺栓以及皮带轮顶丝，如图2-6（a）所示。

4.定期更换轴承润滑脂

对于非全封闭式轴承，应根据电动机的使用情况，1～2年更换一次轴承润滑脂，换油脂前应将原有油脂清洗干净；对于有注排油装置的电动机，可通过注排油装置换油脂，如图2-6（b）所示。

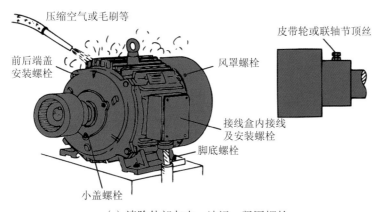

（a）清除外部灰尘、油污，紧固螺栓

通过注油孔手动注油　　　　　　打开轴承手动注油

（b）定期更换轴承润滑脂

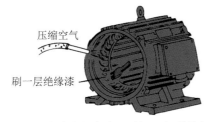

（c）清除内部灰尘、油污，加强端部绝缘

图2-6　三相异步电动机的维护

5.清理电动机内部和加强绝缘

对于使用环境中灰尘多或者是防护等级低（IP23及以下防护等级）的电动机，应视情况在大修时和年度保养时打开端盖，清除绕组端部的灰尘和油污；同时在端部刷一层防潮绝缘漆以加强绝缘和防潮，如图2-6（c）所示。

（三）电枢绕组的首尾端判别

1.准备工作

（1）准备好测试用万用表。将MF47型指针万用表量程选择在×10电阻挡，黑表笔接左侧的公共端口"COM"插孔，红表笔接左侧的红色"＋"插孔，然后短接红黑表笔，进行欧姆调零，确认万用表功能正常，如图2-7所示。

提示：注意万用表的量程选择。

图2-7　万用表欧姆调零

（2）准备好测试用电动机导线，其中红色导线8根，黄色导线和绿色导线各2根。先选择6根红导线依次插在鼠笼式三相异步电动机的6个接线孔内，如图2-8所示。

图2-8 引出电动机的6个端子

2. 判断电动机的三相六端

（1）假设6个端子引出线的任意一个端子为U相一端，选择一根黄线，并插入标记，如图2-9所示。用万用表红表笔接黄线线头，黑表笔依次与电动机剩下的5个端子引出线接触。

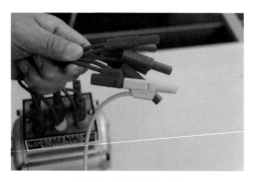

图2-9 标记U相一端

（2）仔细观察万用表指针是否偏转，如某个端子发生偏转（电阻值约为500 Ω），此时可以确定黑表笔接触的这个端子和红表笔接触的黄线连接端子是同一相，在这个端子上也插入一根黄线标记，如图2-10所示。

（3）采用同样的方法，区分剩下的4个端子，剩下的两相分别插入绿线和红线，如图2-11所示。

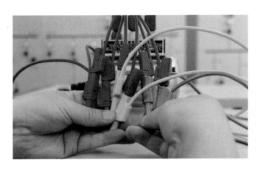

图2-10 找出三相六端

3.判别三相绕组的首尾端

（1）假定黄色绕组的首尾端

任选一根黄色导线绕组，打结做上记号，认定此端为首端，另一端为尾端，如图2-11所示。

图2-11 假定其中一相为首端

（2）判别绿色绕组的首尾端

①万用表量程选择最小直流电流挡，红黑表笔分别接绿色绕组的两端，黄色绕组的尾端接电池的负极，首端（打结标记）点接（接通和断开交替进行）电池的正极，如图2-12所示。

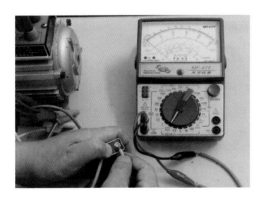

图2-12 首尾端判断接线方法

45

②在首端接通电池正极的瞬间，观察万用表指针的偏转情况：若指针左偏，则万用表红表笔所接的绿色绕组的那端为首端，如图2-13（a）所示；若指针右偏，此端为尾端，如图2-13（b）所示。

　　（a）指针左偏　　　　　　　　（b）指针右偏

图2-13　指针偏转与首尾端关系

（3）判断红色绕组的首尾端

按照相同的方法，判断红色绕组的首尾端，并把绿色绕组和红色绕组的首端都做上标记（打结），如图2-14所示，左边三个打结的是首端，右边三个是尾端。

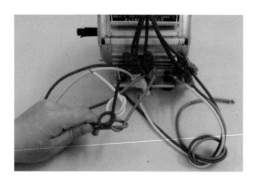

图2-14　三相绕组首尾端判别

4.首尾端校验

（1）将三相绕组的首端和尾端分别短接起来，万用表红黑表笔分别接短接的两端，万用表量程为最小直流电流挡，如图2-15所示。

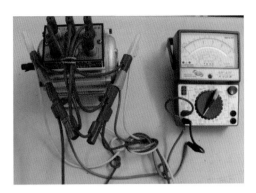

图2-15　首尾端校验接线

（2）用手转动电动机转子，观察万用表指针的偏转情况：若万用表指针不偏转，则此前短接的首尾端是正确的，如图2-16所示；若万用表指针左右摆动，则此前短接的首尾端有错误。

图2-16　万用表指针不摆动

五、任务书和相关标准

（一）任务书

子任务1. 电机的运行与维护

1.下图三相绕组的连接方法是＿＿＿＿＿＿接法。

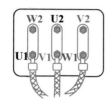 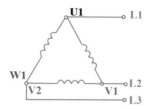

2.下图三相绕组的连接方法是＿＿＿＿＿＿接法。

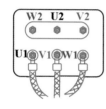 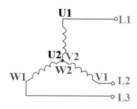

3.如何根据电动机铭牌选择合适的绕组连接方式?

＿＿＿＿＿＿＿＿＿＿＿＿＿＿＿＿＿＿＿＿＿＿＿＿＿＿＿

＿＿＿＿＿＿＿＿＿＿＿＿＿＿＿＿＿＿＿＿＿＿＿＿＿＿＿

＿＿＿＿＿＿＿＿＿＿＿＿＿＿＿＿＿＿＿＿＿＿＿＿＿＿＿。

4.电动机的维护内容有＿＿＿＿＿＿＿＿＿＿＿＿＿＿＿＿＿

＿＿＿＿＿＿＿＿＿＿＿＿＿＿＿＿＿＿＿＿＿＿＿＿＿＿＿

＿＿＿＿＿＿＿＿＿＿＿＿＿＿＿＿＿＿＿＿＿＿＿＿＿＿＿

＿＿＿＿＿＿＿＿＿＿＿＿＿＿＿＿＿＿＿＿＿＿＿＿＿＿＿。

子任务2. 电枢绕组首尾端判别

1.三相异步电动机的电枢绕组有＿＿＿＿个输出端,一般用符号表示为＿＿＿＿＿。

2.三相绕组首尾端的判别方法主要有＿＿＿＿＿、＿＿＿＿＿和＿＿＿＿＿等。

3.首尾端判别时助记口诀"左红右黑"的含义是＿＿＿＿＿＿＿＿＿＿＿＿

＿＿＿＿＿＿＿＿＿＿＿＿＿＿＿＿＿＿＿＿＿＿＿＿＿＿＿。

4.区分电枢绕组的三相六端,并做好标记。

5.完成三相绕组的首尾端判别。

（二）相关标准

三相异步电动机运行与维护技术要求见表2-1。

表2-1　三相异步电动机的运行与维护技术要求

项　目		技 术 要 求
三相异步电动机	出线端电压	不得高于额定电压10%，不得低于额定电压5%
	相间电压不平衡度	不得超过5%
	使用负荷率低于40%	调整更换小功率电动机
	空载率大于50%	加装限制空载装置
备注：空载率指电动机空载运行时间与带负载运行时间的比值。		

六、任务结束工作

（1）将器材整理归位，清洁实习场所。

（2）清点整理工具，擦拭干净后放回工具柜。

七、任务实施注意事项

（1）电动机与电源的连接，应注意接法、额定电压和电源电压的匹配。

（2）电枢绕组首尾端判别时需要使用指针式万用表，且需要注意量程的选择。

八、任务实施心得与体会

内容参见附录A。

九、任务实施效果评估

内容参见附录B。

任务2-2　小型三相异步电动机的拆装

一、任务目标

（1）了解三相异步电动机的结构。

（2）了解小型三相异步电动机的拆装方法。

（3）掌握小型三相异步电动机的拆卸与装配技能。

二、任务器材及设备

（一）实习用器材

三相异步电动机如图2-17所示。

图2-17　三相异步电动机

（二）实习用工具

1.套装工具（图2-18）　　2.三爪拉器（图2-19）　　3.10 cm套筒扳手（图2-20）

图2-18　套装工具　　　　　　图2-19　三爪拉器　　　　图2-20　10 cm套筒扳手

4.橡胶锤（图2-21）　　　　　　　　　5.铜棒（图2-22）

图2-21　橡胶锤　　　　　　　　　图2-22　铜棒

三、任务内容

（1）小型三相异步电动机的拆卸。

（2）小型三相异步电动机的装配。

四、任务实施步骤及要点

（一）小型三相异步电动机的拆卸

1.打开接线盒盖子，拆开电动机与电源连接线，并做好拆卸前标记，如图2-23所示。

图2-23　拆开接线盒并做好标记

2.拆下电动机尾部风扇罩，卸下定位键或螺丝，并拆下风扇，如图2-24所示。

图2-24　拆卸风扇罩和风扇

3.用丁字套筒扳手拧下前后端盖固定螺栓，如图2-25所示。

图2-25　拧下前后端盖固定螺栓

批注及提示：

提示：一般在风扇罩、前后端盖与机座间做上标记，以保证安装时不会错位。

提示：连接皮带轮的一端是前端，装有风扇的一端是后端。

4.用橡胶锤敲击转轴，取下转子及后端盖，如图2-26所示。

图2-26　拆下转子及后端盖

5.将木棒从电机后端伸进去，并用橡胶锤敲击，把前端盖拆下，如图2-27所示。

图2-27　拆下前端盖

6.用三爪拉器拆下后端盖，如图2-28所示。

提示：拆卸下来的部件要分类摆放整齐。

图2-28　拆下后端盖

（二）小型三相异步电动机的装配

1. 安装后端盖，如图2-29所示。

图2-29 安装后端盖

2. 安装电动机转子，如图2-30所示。

图2-30 安装电动机转子

3. 把后端盖安装到位，如图2-31所示。

图2-31 固定后端盖

批注及提示：

提示：装配与拆卸顺序相反。

提示：安装前后端盖时，注意端盖和机座之间的标记要对上。

4. 安装和固定前端盖，如图2-32所示。

图2-32　安装和固定前端盖

前后端盖安装到机座之后，螺栓先不要拧紧，用手转动电机转子，看运转是否灵活。电机转子灵活无卡滞后，再拧紧固定螺栓。

5. 在电动机后端套上风扇，装上定位卡簧，如图2-33所示。

图2-33　安装风扇

6. 安装风扇罩，上紧紧固螺钉，如图2-34所示。装好风扇后，用手转动转子，应灵活无卡滞，否则需要重新拆卸和装配电动机。

图2-34　安装风扇罩

7. 连接好接线盒电源进线，并装回接线盒盖子，完成电动机的安装，如图2-35所示。

图2-35　电动机安装完成

五、任务书和相关标准

（一）任务书

子任务1. 三相异步电动机的铭牌识别

1.观察你手中的电动机，记录其铭牌数据，见表2-2。

表2-2　三相异步电动机的铭牌数据

三相异步电动机					
型号		功率		电压	
电流		频率		转速	
接法		工作方式		外壳防护等级	
产品编号		质量		绝缘等级	
电动机厂家				出厂日期	

子任务2. 三相异步电动机的拆装与结构识别

1.鼠笼式三相异步电动机的局部剖视图如图2-36所示。在表2-3中写出各部件的名称。

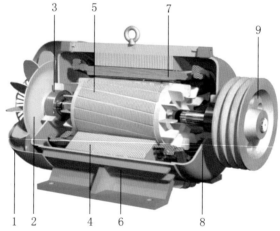

图2-36　鼠笼式三相异步电动机的局部剖视图

表2-3　三相异步电动机的结构组成

序　号	名　称	序　号	名　称	序　号	名　称
1	前端盖	5		9	皮带轮
2		6			
3		7			
4		8			

2.列出三相异步电动机的拆卸顺序：

_____

_____。

（二）相关标准

三相异步电动机的额定转速与磁极对数的关系以及相应绝缘等级下的最高容许运行温度见表2-4。

表2-4 三相异步电动机技术标准

项 目	技 术 要 求					
磁极对数	1	2	3	4	5	6
额定转速/（r·min^{-1}）	3 000	1 500	1 000	750	600	500
项 目	技 术 要 求					
绝缘等级	A	B	C	D	E	F
最高容许温度/℃	105	120	130	155	180	大于180

六、任务结束工作

（1）将测试所用器材复位，清洁实习场所。

（2）清点整理工具仪表，归整好后放回工具柜。

七、任务实施注意事项

（1）拆卸和装配电动机时，需要严格按照预定顺序进行。

（2）拆卸的部件要在台面上摆放整齐。

（3）拆卸之前，需要做好记号，装配时按照原记号装配好；在装配过程中，需要及时转动转子，以确保装配质量。

八、任务实施心得与体会

内容参见附录A。

九、任务实施效果评估

内容参见附录B。

项目三 电动机控制线路的安装与调试

任务3-1 直接启动控制线路的安装与调试

一、任务目标

（1）理解直接启动控制线路的结构组成和工作原理。

（2）掌握直接启动控制线路的安装调试技能。

二、任务器材及设备

（一）实习用设备

维修电工实训台如图3-1所示。

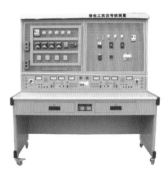

图3-1 维修电工实训台

（二）实习用器材

1.断路器（图3-2）　　　　2.熔断器（图3-3）　　　　3.热继电器（图3-4）

图3-2 断路器　　　　图3-3 熔断器　　　　图3-4 热继电器

4.接触器（图3-5）　　　5.单芯铜塑线（图3-6）　　　6.按钮（图3-7）

图3-5　接触器

图3-6　单芯铜塑线

图3-7　按钮

7.接线端子（图3-8）　　　8.线槽（图3-9）　　　9.笼型异步电动机（图3-10）

图3-8　接线端子

图3-9　线槽

图3-10　笼型异步电动机

（三）实习用工具仪表

1.万用表（图3-11）　　　2.剥线钳（图3-12）　　　3.十字螺丝刀（图3-13）

图3-11　万用表

图3-12　剥线钳

图3-13　十字螺丝刀

三、任务内容

（1）电路图识读。

（2）电器元件检查与定位安装。

（3）线路装配。

（4）检查调试。

四、任务实施步骤及要点

（一）电路图识读

1.电路组成

直接启动控制线路主要由开关、熔断器、接触器、热继电器、按钮和电动机等电器元件组成，具体组成见表3-1。

表3-1　直接启动控制线路的电器元件

电器符号	QS	FU1	FU2	KM	FR	SB1	SB2	M
电器名称	电源开关	主电路熔断器	控制电路熔断器	接触器	热继电器	停止按钮（红）	启动按钮（绿）	笼型异步电动机

2.工作原理

直接启动控制线路的工作分为通电、启动和停止三个过程，原理如图3-14所示。

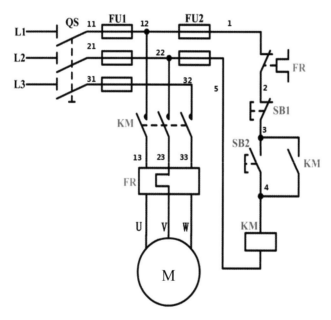

图3-14　直接启动控制线路原理图

（1）通电。

合上QS，接入电源。

（2）启动。

按下SB2 ⟶ KM线圈得电 ⟶ KM自锁触头闭合

⟶ KM主触头闭合 ⟶ 电动机M得电启动

（3）停止。

按下SB1 ⟶ 控制电路失电 ⟶ KM主触头分断 ⟶ 电动机M停转

（二）电器元件检查与定位安装

1.布置电器元件

根据原理图，设计电器元件平面布置图，如图3-15所示。

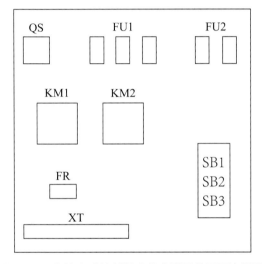

图3-15 直接启动控制线路的电器元件平面布置图

2.紧固电器元件

根据布置图，用十字螺丝刀将线槽和各个电器元件固定到接线板上，如图3-16所示。

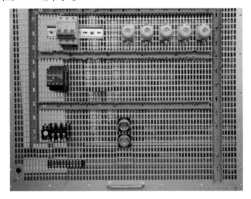

图3-16 直接启动控制线路的电器元件固定

3. 检查万用表。

万用表置于电阻挡，短接表笔，如读数为零，则万用表完好，如图3-17所示。

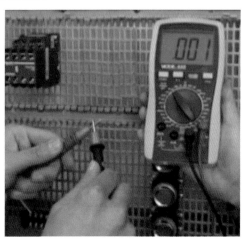

图3-17　万用表自检

4. 检测电器元件。

用万用表的"蜂鸣挡"和"电阻挡"，检查确认所有电器元件是否合格，如图3-18所示。

图3-18　万用表检测所有电器元件

5. 接线

整理好导线和接线工具，准备接线。

提示：准备接线前，工具整理齐全、导线将直。

（三）线路装配

根据原理图，按"先主电路，后控制电路；从上往下，逐条支路"的顺序依次完成接线。完成的接线示意图如图3-19所示。

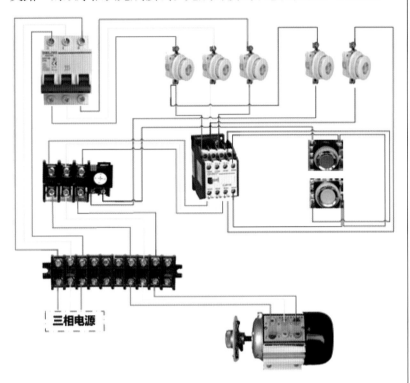

图3-19　直接启动控制线路接线示意图

（四）检查调试

1.线路复核

检查确认端子接线牢固，无松动、脱落现象。

2.线路检查

在不通电条件下，用手动来模拟电器的操作动作，对照原理图，用万用表检查接线情况。

（1）检查准备。

合上QS，取下熔断器FU2的熔体，断开控制电路与主电路的联系。

（2）检查主电路。

用万用表按表3-2所列项目依次检查主电路在各种状态下的通断情况。

表3-2 直接启动控制线路的主电路检查项目和方法

检查项目	测量点	仪表量程	操作	理论值
短路检查	L1-L2	电阻挡	无	无穷大
	L1-L3	电阻挡	无	无穷大
	L2-L3	电阻挡	无	无穷大
主电路	L1-U	电阻挡	无	无穷大
		蜂鸣挡	压下 KM	导通
	L2-V	电阻挡	无	无穷大
		蜂鸣挡	压下 KM	导通
	L3-W	电阻挡	无	无穷大
		蜂鸣挡	压下 KM	导通

（3）检查控制电路

查看线路中各个辅助触头、接触器线圈和按钮开关的配合工作情况，按表 3-3 所列项目依次用万用表检查。

表3-3 直接启动控制线路的控制电路检查项目和方法

检查项目	测量点	仪表量程	操作	理论值
控制通路	1-5	电阻挡	无	无穷大
控制通路	1-5	电阻挡	按下 SB1	KM 线圈电阻值
自锁	1-5	电阻挡	压下 KM	KM 线圈电阻值
停止	1-5	电阻挡	同时按下 SB1、SB2	无穷大

3.通电调试

（1）空载试车。

①保持主电路负载端断开，装好熔断器FU2；

②接通实训台三相电源，按下启动按钮SB2，此时接触器KM的动作部分应能够吸合；

③按下停止按钮SB1，接触器KM的动作部分应能立刻分开。重复几次启动、停止过程，观察接触器动作情况。

（2）带载试车。

先按电动机铭牌的接线要求，连接好三相异步电动机绕组，再将电机与接好的控制线路连接，按照"通电两至三次，每次两至三秒"的快速启停方法，检查电机控制线路工作情况，确认线路安装成功。

五、任务书和相关标准

（一）任务书

1.列出直接启动控制线路安装所需的器材清单，查阅资料，完成表3-4。

表3-4 直接启动控制线路器材清单

序号	图示	电器元件名称	数量	文字符号 / 图形符号	在电路中的作用	接线用到的触头及端子号
1						
2						
3						
4						
5						

2.不通电检查主电路和控制电路，并记录在表3-5中。

表3-5 直接启动控制线路的不通电检查记录

项 目	主电路			控制电路(1-5)	
操作步骤	合上 QS、压下 KM 衔铁			按下 SB2	压下 KM 衔铁
电阻值	L1–U	L2–V	L3–W		

（二）相关标准

直接启动控制线路的电器元件布置和接线工艺要求，见表3-6。

表3-6　电机控制线路的安装与调试技能训练标准

项　目	技　术　要　求
电器元件布置要求	1.低压断路器、熔断器的受电端子应安装在线路板的外侧； 2.各电器元件的安装位置应整齐、匀称、间距合理，便于更换
接线工艺要求	1.集中布线，减少交叉，走线横平竖直、转直角弯； 2.单个电器元件的接线按照"左进右出、上进下出"的原则； 3.导线与接线端子连接时，不得压绝缘层或露铜过长（小于2 mm）； 4.任一接线端子上连接的导线不得多于2根

六、任务结束工作

（1）将实作所用的电器元件按规定摆放整齐或回收入柜。

（2）清点整理工具、导线，擦拭干净后放回工具柜。

（3）断电，关闭实训台控制电源。

（4）清洁实习场所。

七、任务实施注意事项

（1）不触摸带电部位，严格遵守操作规程。

（2）接线时，必须先接负载端，后接电源端；先接接地端，后接三相电源相线。

（3）发现异常现象（如发响、发热、焦臭），应立即切断电源，保持现场，报告指导教员。

八、任务实施心得与体会

内容参见附录A。

九、任务实施效果评估

内容参见附录B。

任务3-2　正反转控制线路的安装与调试

一、任务目标

（1）理解双重联锁正反转控制线路的结构组成和工作原理。

（2）掌握双重联锁正反转控制线路的安装调试技能。

二、任务器材及设备

（一）实习用设备

维修电工实训台如图3-20所示。

图3-20　维修电工实训台

（二）实习用器材

1.断路器（图3-21）　　　2.熔断器（图3-22）　　　3.热继电器（图3-23）

图3-20　维修电工实训台　　　图3-22　熔断器　　　图3-23　热继电器

4.接触器（图3-24） 5.单芯铜塑线（图3-25） 6.按钮（图3-26）

图3-20 维修电工实训台

图3-25 单芯铜塑线

图3-26 按钮

7.接线端子（图3-27） 8.线槽（图3-28） 9.笼型异步电动机（图3-29）

图3-27 接线端子

图3-28 线槽

图3-29 笼型异步电动机

（三）实习用工具仪表

1.万用表（图3-30） 2.剥线钳（图3-31） 3.十字螺丝刀（图3-32）

图3-30 万用表

图3-31 剥线钳

图3-32 十字螺丝刀

三、任务内容

（1）电路图识读。

（2）电器元件检查与定位安装。

（3）线路装配。

（4）检查调试。

四、任务实施步骤及要点

（一）电路图识读

1.电路组成

直接启动控制线路主要由开关、熔断器、接触器、热继电器、按钮和电动机等电器元件组成，具体组成见表3-7。

表3-7　直接启动控制线路的电器元件

电器符号	QS	FU1	FU2	KM 1	KM 2	FR	SB1	SB2	SB3	M
电器名称	电源开关	主电路熔断器	控制电路熔断器	正转接触器	反转接触器	热继电器	停止按钮	正转按钮	反转按钮	笼型异步电动机

2.工作原理

如图3-33所示，双重联锁正反转控制线路的工作分为通电、正转、反转和停止四个过程。

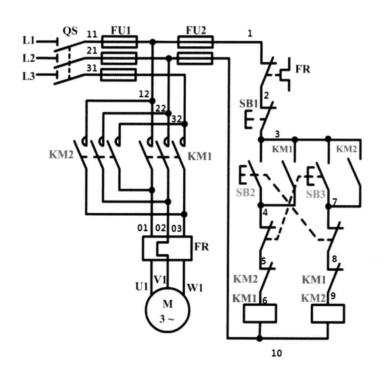

图3-33　双重联锁正反转控制线路原理图

69

（1）通电

合上QS，接入电源。

（2）正转

（3）反转

问：电机双重联锁控制线路能否不停机直接正反转切换？

（4）停止

按下SB1 ——→ 控制电路失电 ——→ KM2（KM1）接触器主触头分断 ——→ 电动机停转

（二）电器元件检查与定位安装

1. 根据原理图设计电器元件平面布置图，如图3-34所示。

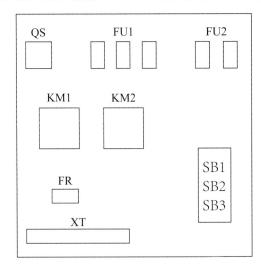

图3-34 双重联锁正反转控制线路的电器元件平面布置图

2. 根据布置图，用十字螺丝刀将线槽和各个电器元件固定到接线板上，如图3-35所示。

图3-35　双重联锁正反转控制线路的电器元件固定

3.检查万用表，万用表置于电阻挡，短接表笔，读数为零，确认万用表完好。

4.检测电器元件，按照低压电器的检测方法，用万用表检查确认所有电器元件是否合格。

5.整理好导线和接线工具，准备接线。

问：如何检测热继电器？

（三）线路装配

根据原理图，按"先主电路，后控制电路；从上往下，逐条支路"的顺序依次完成接线，完成的接线示意图如图3-36所示。

提示：线路中有多个相同器件要标记区分。

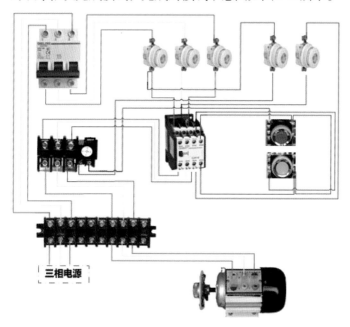

三相电源

图3-36　双重联锁正反转控制线路的接线示意图

（四）检查调试

1.线路复核

检查确认端子接线牢固、无松动、无脱落现象。

2.线路检查

在不通电条件下，用手动来模拟电器的操作动作，对照原理图，用万用表检查接线情况。

（1）检查准备。

合上QS，取下熔断器FU2的熔体，断开控制电路与主电路的联系。

（2）查主电路。

用万用表按表3-8所列项目依次检查主电路在各种状态下的通断情况。

表3-8　双重联锁正反转控制线路的主电路检查项目和方法

检查项目	测量点	仪表量程	操作	理论值
相间短路检查	L1-L2	电阻挡	无	无穷大
	L1-L3	电阻挡	无	无穷大
	L2-L3	电阻挡	无	无穷大
正转通路	L1-U1	电阻挡	无	无穷大
		蜂鸣挡	压下 KM1	导通
	L2-V1	电阻挡	无	无穷大
		蜂鸣挡	压下 KM1	导通
	L3-W1	电阻挡	无	无穷大
		蜂鸣挡	压下 KM1	导通
反转通路	L1-W1	电阻挡	无	无穷大
		蜂鸣挡	压下 KM2	导通
	L2-V1	电阻挡	无	无穷大
		蜂鸣挡	压下 KM2	导通
	L3-U1	电阻挡	无	无穷大
		蜂鸣挡	压下 KM2	导通
控制关系	L1-L3	蜂鸣挡	同时压下 KM1、KM2	导通

（3）查控制电路

按表3-9所列项目对控制电路依次用万用表检查。

表3-9　双重联锁正反转控制线路的控制电路检查项目和方法

检查项目	测量点	仪表量程	操作	理论值
正转通路	1-10	电阻挡	按下 SB2	KM1 线圈电阻值
	1-10	电阻挡	压下 KM1	KM1 线圈电阻值
反转通路	1-10	电阻挡	按下 SB3	KM2 线圈电阻值
	1-10	电阻挡	压下 KM2	KM2 线圈电阻值
联锁控制	1-10	电阻挡	同时按下 SB2、SB3	无穷大
	1-10	电阻挡	同时压下 KM1、KM2	无穷大

3.通电调试

（1）空载试车。

①保持主电路负载端断开，连接主电路电源进线，装好控制线路熔断器FU2；

②按接线控制台的要求依次接通电源，按下正转按钮SB2，此时接触器KM1的动作部分应能够吸合；

③按下反转按钮SB3，接触器KM1动作部分释放，KM2动作部分应能吸合；

④按下停止按钮SB1，KM2动作部分释放；

重复几次启动、停止过程，观察接触器动作情况。接触器动作准确、迅速，才可进行带载试车。

（2）带载试车。

先按电动机铭牌的接线要求，连接好三相异步电动机绕组，再将电动机与接好的控制线路连接，按照"通电两至三次，每次两至三秒"的快速启停方法，检查电机控制线路工作情况，确认线路安装成功。

五、任务书和相关标准

（一）任务书

1.列出正反转控制线路安装所需的器材清单，查阅资料，完成表3-10。

表3-10　正反转控制线路器材清单

序号	图示	电器元件名称	数量	文字符号 / 图形符号	在电路中 的作用	接线用到的 触头及端子号
1						
2						
3						
4						
5						

2.不通电检查主电路和控制电路，并记录在表3-11中。

表3-11　正反转控制线路的不通电检查记录

项　　目	主电路						控制电路（1-10）			
操作 步骤	合上 QS、压下 KM 衔铁			合上 QS、压下 KM 衔铁			按下 SB2	按下 SB3	压下 KM1 衔铁	压下 KM2 衔铁
电阻值	L1–U1	L2–V1	L3–W1	L1–W1	L2–V1	L3–U1				

（二）相关标准

正反转控制线路安装与调试中电器元件布置和接线工艺的标准要求，与直接启动控制线路一致，具体可参见表3-6。

六、任务结束工作

（1）将实作所用的电器元件按规定摆放整齐或回收入柜。

（2）清点整理工具、导线，擦拭干净后放回工具柜。

（3）断电，关闭实训台控制电源。

（4）清洁实习场所卫生。

七、任务实施注意事项

（1）电动机必须安放平稳，以防止在可逆转时发生滚动而引起事故。

（2）注意主电路必须进行换相，否则电动机只能进行单向运转。

（3）特别注意接触器的联锁触点不能接错，否则会造成主电路两相电源短路事故。

（4）接线时，不能将正、反转接触器的自锁触点进行互换，否则只能进行点动控制。

（5）通电检验时，应先合上QS，再检验SB2（或SB3）及SB1按钮的控制是否正常，并在按SB2后再按SB3，观察有无联锁作用。

八、任务实施心得与体会

内容参见附录A。

九、任务实施效果评估

内容参见附录B。

任务3-3 星三角降压启动控制线路的安装与调试

一、任务目标

（1）理解星三角降压启动控制线路的结构组成和工作原理。

（2）掌握星三角降压启动控制线路的安装调试技能。

二、任务器材及设备

（一）实习用设备

维修电工实训台如图3-37所示。

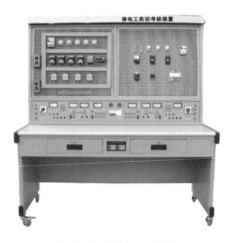

图3-37 维修电工实训台

（二）实习用器材

1.断路器（图3-38）　　　2.熔断器（图3-39）　　　3.热继电器（图3-40）

图3-38 断路器　　　　　图3-39 熔断器　　　　　图3-40 热继电器

4. 接触器（图3-41）　　　　5. 单芯铜塑线（图3-42）　　　　6. 按钮（图3-43）

图3-40　接触器

图3-42　接触器

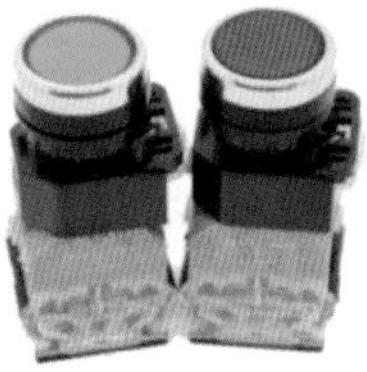

图3-43　按钮

7. 接线端子（图3-44）　　　　8. 线槽（图3-45）　　　　9. 笼型异步电动机（图3-46）

图3-44　接线端子

图3-45　线槽

图3-46　笼型异步电动机

（三）实习用工具仪表

1. 万用表（图3-47）　　　　2. 剥线钳（图3-48）　　　　3. 十字螺丝刀（图3-49）

图3-47　万用表

图3-48　剥线钳

图3-49　十字螺丝刀

三、任务内容

（1）电路图识读。

（2）电器元件检查与定位安装。

（3）线路装配。

（4）检查调试。

四、任务实施步骤及要点

批注及提示：

（一）电路图识读

1. 电路组成

星三角降压启动线路主要由开关、熔断器、接触器、热继电器、按钮和电动机等电器元件组成，具体组成见表3-12。

表3-12　星三角降压启动控制线路的电器元件

电器符号	QS	FU1	FU2	KM	KM1	KM2	FR	SB1	SB2	KT	M
电器名称	电源开关	主电路熔断器	控制电路熔断器	主接触器	星形启动接触器	三角形运行接触器	热继电器	停止按钮	启动按钮	时间继电器	笼型异步电动机

2. 工作原理

星三角降压启动线路的工作分为通电、星形降压启动、三角形运行和停止四个过程，具体的原理如图3-50所示。

问：电动机降压启动的启动电压是多少？

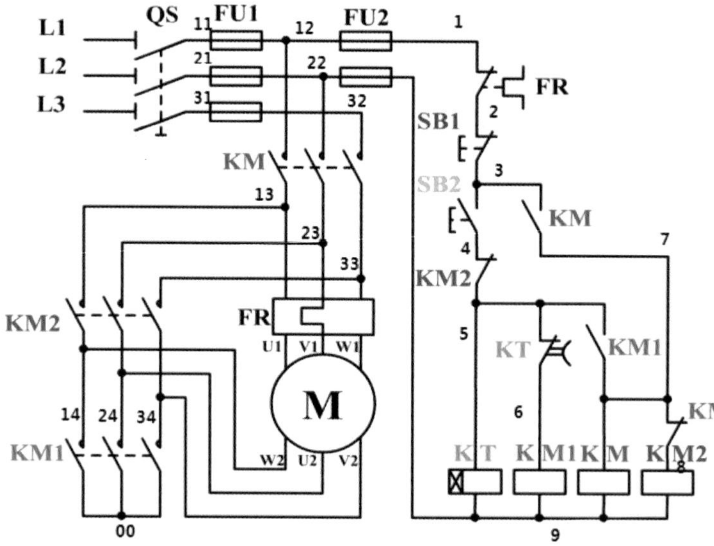

图3-50　星三角降压启动控制线路原理图

（1）通电

合上QS，接入电源。

（2）星形降压启动

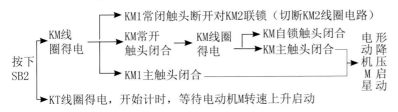

（3）三角形运行

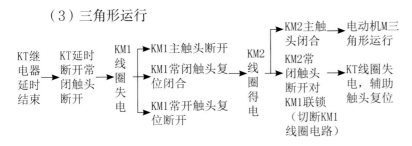

（4）停止

按下SB1 ⟶ 控制电路失电 ⟶ KM／KM2接触器主触头分断 ⟶ 电动机M停转

（二）电器元件检查与定位安装

1. 根据原理图设计星三角降压启动控制线路的电器元件平面布置图，如图3-51所示。

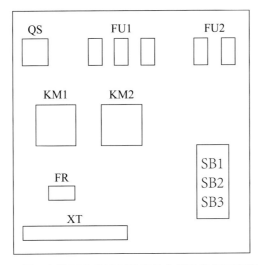

图3-51　星三角降压启动控制线路的电器元件平面布置图

2. 根据布置图，用十字螺丝刀将线槽和各个电器元件固定到接线板上，如图3-52所示。

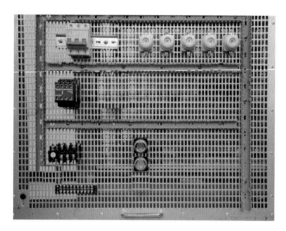

图3-52 双重联锁正反转线路的电器元件固定

3. 检查万用表，万用表置于电阻挡，短接表笔，读数为零，确认万用表完好。

4. 检测电器元件，按照低压电器的检测方法，用万用表检查确认所有电器元件是否合格。

5. 整理好导线和接线工具，准备接线。

（三）线路装配

根据原理图，按"先主电路，后控制电路；从上往下，逐条支路"的顺序依次完成接线，完成的接线示意图，如图3-53所示。

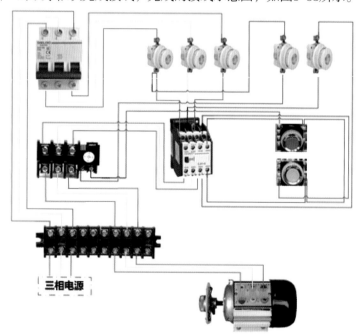

三相电源

图3-53 双重联锁正反转线路的接线示意图

批注及提示：

（四）检查调试

1.线路复核

检查确认端子接线牢固，无松动、脱落现象。

2.线路检查

在不通电条件下，用手动来模拟电器的操作动作，对照原理图，用万用表检查接线情况。

（1）检查准备。

合上QS，取下熔断器FU2的熔体，断开控制电路与主电路的联系。

（2）查主电路。

用万用表按表3-13所列项目依次检查主电路在各种状态下的通断情况。

表3-13　星三角降压启动控制线路的主电路检查项目和方法

检查项目	测量点	仪表量程	操作	理论值
短路检查	L1-L2	电阻挡	无	无穷大
	L1-L3	电阻挡	无	无穷大
	L2-L3	电阻挡	无	无穷大
星形连接	L1-L2	电阻挡	同时压下 KM、KM1	$2R$
	L1-L3	电阻挡	同时压下 KM、KM1	$2R$
	L2-L3	电阻挡	同时压下 KM、KM1	$2R$
三角形连接	L1-L2	电阻挡	同时压下 KM、KM2	$2/3R$
	L1-L3	电阻挡	同时压下 KM、KM2	$2/3R$
	L2-L3	电阻挡	同时压下 KM、KM2	$2/3R$
控制关系	L1-L2	电阻挡	同时压下 KM1、KM2、KM	0
	L1-L3	电阻挡	同时压下 KM1、KM2、KM	0
	L2-L3	电阻挡	同时压下 KM1、KM2、KM	0
备注：R 为笼型异步电动机的定子绕组电阻值。				

（3）查控制电路。

按表3-14所列项目依次用万用表检查。

表3-14　星三角降压启动控制线路的控制电路检查项目和方法

检查项目	测量点	仪表量程	操作	理论值
短路	1-9	电阻挡	无	无穷大
控制通路	1-9	电阻挡	按下 SB2	RKM1//RKT
★连接	1-9	电阻挡	按下 SB2，同时压下 KM1	RKM//RKM1//RKT
KM 自锁	1-9	电阻挡	同时压下 KM1、KM	RKM//RKM1//RKT
▲连接	1-9	电阻挡	压下 KM	RKM//RKM2
KM1、KM2	1-10	电阻挡	同时压下 KM1、KM2	无穷大
互锁	1-9	电阻挡	按下 SB2，同时压下 KM1、KM2	无穷大
停止	1-9	电阻挡	同时按下 SB2、SB1	无穷大

备注：RKM、RKM1、RKM2、RKT 分别为接触器 KM、KM1、KM2 和时间继电器 KT 的线圈电阻值。

3.通电调试

（1）空载试车。

①断开负载端电动机接线，装好熔断器FU2；

②接入实训台电源，按下启动按钮SB2，此时接触器KM1、KM的动作部分应能够吸合，同时时间继电器KT开始计时，在延时时长后，KM1动作部分应释放，KM2动作部分吸合；

③按下停止按钮SB1，接触器KM、KM2的动作部分应能立刻分开。

重复几次启动、停止过程，观察接触器动作情况。接触器动作准确、迅速，才可进行带载试车。

（2）带载试车。

恢复笼型异步电动机接线，按照"通电两至三次，每次两至三秒"的快速启停方法，检查电动机控制线路工作情况，确认线路安装成功。

五、任务书和相关标准

（一）任务书

1.星三角降压启动控制线路中采用时间继电器控制，实现_____到_____的自动转换。请查阅资料，补充完成表3-15中有关时间继电器的图形符号或名称。

表3-15 时间继电器的识读

符号	名称	符号	名称	符号	名称
	延时线圈		延时线圈		

2.不通电检查主电路和控制电路，并记录在表3-16中。

表3-16 星三角降压启动控制线路的不通电检查记录

项目	主电路						控制电路（1-10）		
操作步骤	合上 QS、压下 KM 和 KM1 衔铁			合上 QS、压下 KM 和 KM2 衔铁			按下 SB2	压下 KM 衔铁	按下 SB2、压下 KM1 衔铁
电阻值	L1-L2	L1-L3	L2-L3	L1-L2	L1-L3	L2-L3			

（二）相关标准

星三角降压启动控制线路的安装与调试中电器元件布置和接线工艺的标准要求，与直接启动控制线路一致，具体可参见表3-6。

六、任务结束工作

（1）将实作所用的电器元件按规定摆放整齐或回收入柜。

（2）清点整理工具、导线，擦拭干净后放回工具柜。

（3）断电，关闭实训台控制电源。

（4）清洁实习场所。

七、任务实施注意事项

（1）严格遵守操作规程，不触摸带电部位。

（2）星三角降压启动的电动机要留出6个出线端子，且三角形接法额定电压为380 V。

（3）特别注意接触器的触点不能错接或互换，否则会造成短路事故。

（4）通电校验时，应先合上QS，以检验SB2按钮的控制是否正常，并在KT的延时时间后，观察星三角降压启动作用。

（5）发现异常现象（如发响、发热、焦臭），应立即切断电源并报告指导教员。

八、任务实施心得与体会

内容参见附录A。

九、任务实施效果评估

内容参见附录B。

项目四　同步发电机的维护

任务4-1　单相同步发电机的维护

一、任务目标

（1）了解单相同步发电机的结构组成。

（2）掌握单相同步发电机轴承的维护方法。

二、任务器材及设备

（一）实习用设备

1. NTJF-DW-6型单相同步发电机（图4-1）

图4-1　NTJF-DW-6型单相同步发电机

2. 烘箱（图4-2）

图4-2　烘箱

（二）实习用器材

密封球轴承（图4-3）。

图4-3　密封球轴承

（三）实习用工具

1. 套装工具（图4-4）

图4-4　套装工具

2. 三爪拉器（图4-5）

图4-5　三爪拉器

3. 铜棒（图4-6）

图4-6　铜棒

4. 橡胶锤（图4-7）

图4-7　橡胶锤

5. 隔热手套（图4-8）

图4-8　隔热手套

批注及提示：

三、任务内容

（1）单相同步发电机的结构识别。

（2）单相同步发电机的轴承更换。

四、任务实施步骤及要点

（一）单相同步发电机的结构识别

1. 总体构造

固定台站6 kW柴油发电机组配置NTJF-DW-6型单相同步发电机，该发电机主要由前端盖、定子、转子、轴承、后端盖、后防护罩及相应紧固件等组成，如图4-9所示。

（a）外形示意图

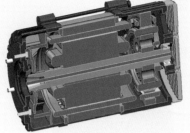

（b）剖面视图

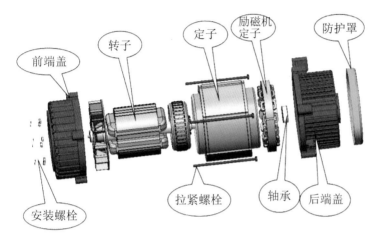

（c）轴向剖视图

图4-9　三相同步发电机结构示意图

2.前后端盖

前端盖、后端盖的结构分别如图4-10和图4-11所示。它们通过止口与定子定位，用拉紧螺杆、弹簧垫圈、平垫圈连接。

后防护罩通过紧固螺钉安装在后端盖上。励磁机定子固定在后端盖内，然后用紧定螺钉进行紧定；轴承热套安装于转轴端

图4-10　前端盖示意图　　图4-11　后端盖示意图

部，轴承外圈套在后端盖轴承室内。

3.定子

定子包括主机定子和励磁机定子两部分，其中主机定子由定

批注及提示：

图4-12　主机定子结构示意图

子铁芯、定子绕组、槽楔和绝缘材料组成，如图4-12所示。

主机定子有7根引出线：3根主输出线D1、D2、D3；2根谐波励磁线S1、S2；2根副绕组引出线S3、S4，如图4-13所示。

励磁机定子引出2根励磁线：E1、E2，如图4-14所示。

定子共有引出线9根，并通过出线口引至机身外，具体的接

图4-13　主机定子引出线　　　图4-14　励磁机定子引出线

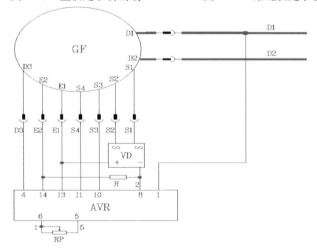

图4-15　单相发电机接线原理图

4.转子

转子由风扇、转轴、主机转子和励磁机转子组成，如图4-16所示，其中风扇、励磁机转子用油压机压力装配在转轴上，转子为冲片叠压结构，通过油压机压力装配在转轴上。

批注及提示：

（a）

（b）

图4-16　转子结构示意图

励磁机转子主要由励磁机转子铁心和旋转整流器组成，如图4-17所示，旋转整流器2个，通过安装螺栓固定在励磁机转子铁芯上。

励磁机转子引出两组线U1、V1、W1和U2、V2、W2，分别接至两个旋转整流器，如图4-18所示。主机转子由2根引接线（标记为F1、F2）引至励磁机转子，分别接至旋转整流器的"+""-"极。

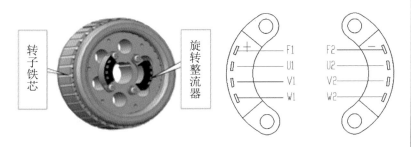

图4-17　励磁机转子　　　图4-18　旋转整流器接线图

（二）单相同步发电机的轴承更换

1.拆卸后防护罩

用十字螺丝刀将后防护罩的2个紧固螺钉松开，如图4-19所示，将后防护罩拆下，轻放一旁。

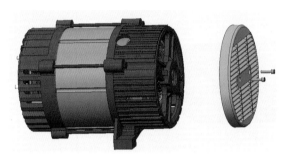

图4-19　拆卸后防护罩

2.拆卸后端盖

（1）用套筒扳手将后端盖与机座连接的4个拉紧螺杆取下，如图4-20所示。

图4-20　拆卸后端盖螺杆

（2）用铜棒向定子外侧顶住后端盖止口边缘，用橡胶锤敲打铜棒将后端盖敲出，放置一旁，如图4-21所示。

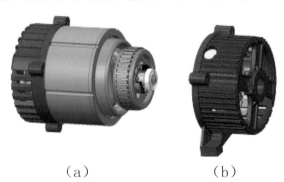

（a）　　　　　　（b）

图4-21　敲出后端盖

3.拆卸轴承

用三爪拉器将轴承拆卸。

4.更换轴承

（1）将转轴的轴承挡清理干净。

（2）将新轴承放在烘箱加热至80 ℃以上，操作人员戴上隔热手套，立即将加热好的轴承装配到转轴轴承挡上，如图4-22所示。

图4-22　加装轴承

5.安装后端盖

将后端盖的轴承室对准轴承，用铜棒贴靠轴承室的后端面，用橡胶锤轻敲铜棒，使得轴承进入后端盖轴承室。用扳手分两次将后端盖的4个螺栓紧固，使前、后端盖与定子铁芯的配合止口端面紧密贴靠。

6.装回后防护罩

用螺丝刀拧紧紧固螺钉，将防护罩装回后端盖，如图4-23所示。

图4-23　装回后防护罩

五、任务书和相关标准

（一）任务书

根据任务分工完成表4-1。

表4-1 单相同步发电机的维护

发电机型号						
识读铭牌	参数名称	额定值	含义	参数名称	额定值	含义
维护使用工具和设备	序号	名称	规格型号	单位	数量	其他备注
	1					
	2					
	3					
	4					
	5					
消耗备件	1					
	2					
操作要领						
遗留问题						

（二）相关标准

NTJF-DW-6型单相同步发电机的主要技术参数和维护要求见表4-2。

表4-2 单相同步发电机维护的主要技术参数

项 目		技 术 要 求
NTJF-DW-6型 单相同步发电机	额定功率 /kW	6
	功率因数	0.9（滞后）
	额定电压 /V	230
	额定电流 /A	29
	额定频率 /Hz	50
	轴承的更换周期 /h	20 000
	后端盖的止口与机座止口安装位置要求	两止口相距 2～4 mm

六、任务结束工作

（1）将实作装设备复位，清洁实习场所。

（2）清点整理工具，擦拭干净后放回工具柜。

七、任务实施注意事项

（1）严格遵守实训场所纪律，严禁嬉笑打闹。

（2）严格遵守操作规程，不能野蛮拆装。

（3）操作时注意安全，维护、拆卸、安装必须在停机断电状态下进行。

八、任务实施心得与体会

内容参见附录A。

九、任务实施效果评估

内容参见附录B。

任务4-2 三相同步发电机的维护

一、任务目标

（1）了解三相同步发电机的结构组成。

（2）掌握三相同步发电机轴承的维护方法。

二、任务器材及设备

（一）实习用设备

1.SB-W6-50.d型三相同步发电机（图4-24）

图4-24 SB-W6-50.d型三相同步发电机

2.烘箱（图4-25）

图4-25 烤箱

（二）实习用器材

两面带密封圈深沟球轴承（图4-26）

图4-26 两面带密封圈深沟球轴承

（三）实习用工具

1.套装工具（图4-27）

图4-27 套装工具

2.三爪拉器（图4-28）

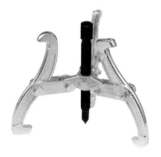

图4-28 三爪拉器

3.铜棒（图4-29）

图4-29 铜棒

4.橡胶锤（图4-30）

图4-30 橡胶锤

5.隔热手套（图4-31）

图4-31 隔热手套

三、任务内容

（1）三相同步发电机的结构识别。

（2）三相同步发电机轴承的更换。

批注及提示：

四、任务实施步骤及要点

（一）三相同步发电机的结构识别

1.总体构造

50GF康明斯柴油发电机组配置SB－W6-50.d三相同步发电机。该发电机主要由前防护罩、前端盖、定子、后端防护罩、转子、后端盖、后防护罩及相应紧固件等组成，如图4-32所示。

（a）外形示意图

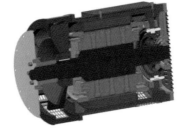
（b）剖面视图

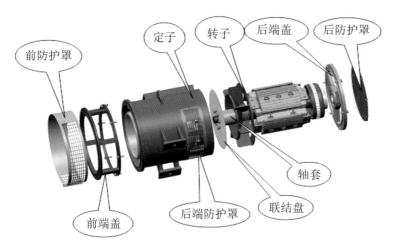
（c）轴向拆分视图

图4-32　三相同步发电机结构示意图

2.前后端盖与机座

前端盖（图4-33）、后端盖与机座通过止口定位，用紧固螺栓、弹簧垫圈、小垫圈连接。

前防护罩（图4-34）安装在前端盖上，后端防护罩通过螺钉、弹簧垫圈、小垫圈安装在机座后端下方，后防护罩通过紧固螺钉安装在后端盖上。

图4-33　前端盖示意图　　**图4-34　前防护罩示意图**

批注及提示：

问：发电机前防护罩
有何作用？

3.定子

定子由机座、安装板、主机定子和励磁机定子等组成，如图4-35所示。

（a）外形示意图　　　　　　（b）剖视图

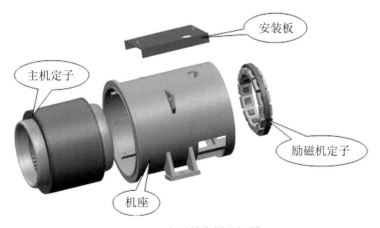

（c）定子轴向拆分视图

图4-35　定子结构示意图

主机定子和励磁机定子通过油压机压入机座上，安装板通过螺栓、垫圈安装在机座上，主机定子铁芯有引出线6根：4根主输出线U、V、W、N，2根谐波励磁线S1、S2，如图4-36所示。

励磁机定子引出2根励磁线E1、E2，如图4-37所示。

引出线 U、V、W、N、S1、S2

引出线 E1、E2

图4-36　主机定子引出线　　　图4-37　励磁机定子引出线

定子共有引出线8根，通过出线口引至机身外，其中S1、S2、E1、E2接至DTW5或AVR，具体接线原理如图4-38和图4-39所示。

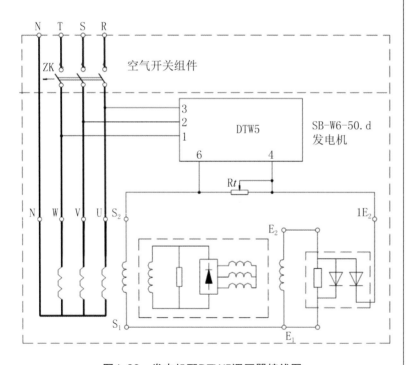

图4-38　发电机配DTW5调压器接线图

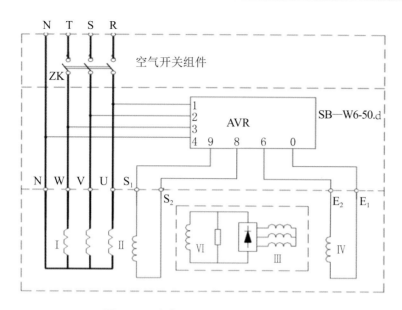

图4-39　发电机配AVR调压器接线图

4.转子

转子由风扇、转轴、主机转子、励磁机转子和轴承等组成，如图4-40所示，其中风扇、励磁机转子用油压机压力装配在转轴上，主机转子为拼装结构，通过螺钉安装在转轴上，轴承热套在

（a）转子外形示意图　　　（b）转子剖视图

（c）转子轴向拆分视图

图4-40　转子组成

批注及提示：

问：该主机转子有几对磁极？

转轴上。

　　励磁机转子主要由励磁机转子铁芯和旋转整流器组成，两个旋

图4-41　励磁机转子

转整流器通过安装螺栓固定在励磁机转子铁芯上，如图4-41所示。

　　主机转子由两根引接线（标记为F1、F2）引至励磁机转子，分别接至旋转整流器的"+""-"极。励磁机转子引出两组线U1、V1、W1和U2、V2、W2分别接至旋转整流器，如图

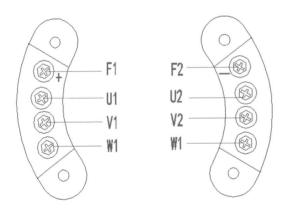

图4-42　旋转整流器接线

4-42所示。

　　（二）三相同步发电机轴承的更换

　　1.拆卸后防护罩

　　用十字螺丝刀将后端盖上的6个后防护罩固定螺钉松开，如图4-43所示，将后防护罩拆下，轻放一旁。

图4-43　拆后防护罩

2.拆卸后端盖

（1）用套筒扳手将后端盖与机座的6个连接螺栓取下，如图4-44所示。

图4-44　松开后端盖连接螺栓

（2）用刚拆下的两个螺栓作拆装螺栓，将其旋进后端盖两个预留的螺纹孔，并用扳手旋紧，使后端盖与机座的止口分开。

（3）用铜棒向定子外侧顶住后端盖止口边缘，用橡胶锤敲打铜棒，将后端盖敲出，如图4-45所示。

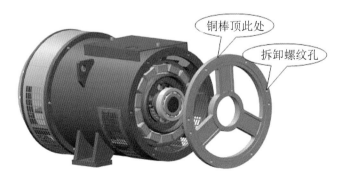

图4-45　敲出后端盖

3.拆卸轴承

用三爪拉器将轴承拆除，如图4-46所示。

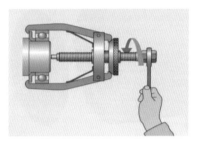

图4-46　拆卸电机轴承

4.更换轴承

将新轴承放在烘箱加热至80 ℃以上，操作人员戴上隔热手套，立即将加热好的轴承装配到转轴轴承挡上。

5.重装后端盖

（1）将后端盖的轴承室对准轴承，用铜棒贴靠轴承室的后端面，用橡胶锤敲打铜棒，使得轴承进入后端盖轴承室。

（2）用扳手分两次将后端盖的6个螺栓紧固，使后端盖与机座配合止口端面紧密贴靠，如图4-47所示。

固定螺栓

图4-47　装后端盖

提示：安装轴承要求迅速、准确，时间一般不超过4 s。

6.装回后防护罩

先将后防护罩放进后端盖后端面止口，再将螺钉装上安装孔，并用十字螺丝刀将6个后防护罩紧定螺钉拧紧，如图4-48所示。

后端面止口

螺钉

后防护罩

图4-48　装后防护罩

五、任务书和相关标准

（一）任务书

根据任务分工完成表4-3。

表4-3 三相同步发电机的维护

发电机型号						
识读铭牌	参数名称	额定值	含义	参数名称	额定值	含义
维护使用工具和设备	序号	名称	规格型号	单位	数量	其他备注
	1					
	2					
	3					
	4					
	5					
消耗备件	1					
	2					
操作要领						
遗留问题						

（三）相关标准

SB-W6-50.d型三相同步发电机的主要技术参数和维护要求，参表4-4。

表4-2 单相同步发电机维护的主要技术参数

项 目		技 术 要 求
SB-W6-50.d型三相同步发电机	额定功率 /kW	50
	功率因数	0.9（滞后）
	额定电压 /V	400
	额定电流 /A	90.2
	额定频率 /Hz	50
	轴承的更换周期 /h	20 000
	后端盖的止口与机座止口安装位置要求	两止口相距 2 ～ 4 mm

六、任务结束工作

（1）将实作装设备复位，清洁实习场所。

（2）清点整理工具，擦拭干净后放回工具柜。

七、任务实施注意事项

（1）严格遵守实训场所纪律，严禁嬉笑打闹。

（2）严格遵守操作规程，不能野蛮拆装。

（3）操作时注意安全，维护、拆卸、安装必须在停机断电状态下进行。

八、任务实施心得与体会

内容参见附录A。

九、任务实施效果评估

内容参见附录B。

项目五 柴油发电机组的操作使用

任务5-1 单机发配电操作

一、任务目标

（1）了解柴油发电机组单机发配电操作的主要内容。

（2）掌握典型机组单机发配电操作方法。

二、任务器材及设备

（一）实习用装备

50GF康明斯柴油发电机组（图5-1）。

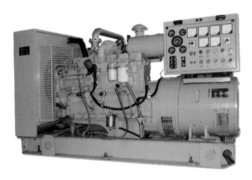

图5-1 50GF康明斯柴油发电机组

（二）实习用工量具

1.密度计（图5-2）　　　　　　　　2.吸油纸（图5-3）

图5-2 密度计

图5-3 吸油纸

三、任务内容

（1）开机前检查。

（2）启动机组。

（3）对外供电。

（4）运行巡检。

（5）断电停机与关机后检查。

四、任务实施步骤及要点

（一）开机前检查

1.检查柴油的数量。油箱油量表指针偏向F，则表示油量充足；指针偏向E，则表示油量不足，如图5-4所示。

提示：柴油质量的检查在向机组油箱加油前完成。

图5-4　油箱油量表

2.检查机油的数量和质量。要求机油无明显颗粒杂质、无刺激味，且液位处于机油尺上下刻度线（网纹）之间，如图5-5所示。

提示：检查机油要分两步：第一步把机油尺抽出擦净，再放回原位；第二步抽出检查。

图5-5　机油的检查

3. 检查冷却液的数量和质量。要求冷却液清澈明亮、无刺激气味，且液位高于散热芯片10~15 mm，如图5-6所示。

图5-6　冷却液的检查

4. 放尽油水分离器内的水分，如图5-7所示。

5. 按压输油泵的手油泵排除燃油系统油路空气，如图5-8所示。

批注及提示：

提示：拧油水分离器放水阀时动作要轻柔。

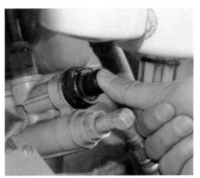

图5-7　油水分离器放水　　图5-8　燃油系统排空

6. 检查确认启动蓄电池电解液数量和质量合格，用密度计检查蓄电池电量，如图5-9所示。

提示：密度计内浮标的红色区域刻度表示"电不足"，绿色区域表示"电半数"，黄色区域表示"电充足"。

图5-9　检查蓄电池电量

7. 检查确认启动线路连接正确、可靠；复位配电箱控制面板各个开关、按钮，如图5-10所示。

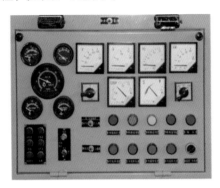

图5-10　康明斯50GF机组配电箱面板

8. 检查机组周围，确保无杂物、工具等，并环绕机组一圈。

（二）启动机组

1. 踩下脚踏开关，接通直流启动电源，如图5-11所示。

（a）断开状态　　　（b）接通状态

图5-11　脚踏开关

2. 把电源开关向上拨至"运行"位置，使得转速、油压表等得电归零。

3. 把电源开关继续向上拨至"启动"位置，同时按下启动按钮，如图5-12所示，启动柴油机。

提示：单次启动时间不超过30 s，一次启动不成功，间隔2 min后再启动，若连续三次启动不成功，则停止启动，检查排除启动故障。

图5-12　启动柴油机

4. 观察油压表，确保15 s内顺利建压。

5. 怠速运转1~3 min后，把"怠速-全速"扭子开关拨至"全速"，如图5-13所示。

图5-13　全速运行

（三）对外供电

1. 转动三相电压换相开关，检查三相电压是否符合要求。

2. 将"过、欠压保护"扭子开关由"切除"位置拨至"投入"，如图5-14所示。

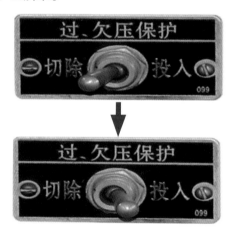

图5-14　投入过欠压保护

3. 按下"机组供电"按钮，对应的指示灯亮，机组向外供电。

（四）运行巡检

一般每隔15~30 min，对机组进行一次例行检查。

1. 检查记录发电机组的运行参数。电压、电流、频率、功率，以及柴油机的转速、油压、水温、油温等运行参数等。

2.注意听。有无金属敲击声或摩擦声或其他工作不正常的声音。

3.注意闻。有无异常的烧焦的气味。

4.注意看。有无"三漏"情况（漏油、漏水、漏气）及松动现象。

（五）断电停机与关机后检查

1.按下"机组断电"按钮，机组卸载。

2.将配电箱面板上的"过、欠压保护"扭子开关由"投入"位置拨至"切除"，将"怠速-全速"扭子开关拨至"怠速"。

3.怠速运转1~3 min，把启动开关拨至"停机"位置，踢除脚踏开关。

4.检查确认机组水管、油管等各个管路接头无松动、无裂缝。

5.检查确认机组周围有无油和水的泄露情况。

6.用吸油纸将机组表面擦拭干净。

7.做好机组使用登记。

批注及提示：

111

五、任务书和相关标准

（一）任务书

根据小组分工，组织开展康明斯柴油发电机组单机的发配电操作，并完成表5-1。

表5-1　单机发配电操作记录表

项　目		检查结果登记	异常情况处理
开机前检查	柴油		
	机油		
	防冻液		
	蓄电池		
运行参数检查	油压		
	油温		
	水温		
	转速		
	频率		
	三相电压		
	三相电流		
关机后检查	机组运行总时间		
	油水的渗漏情况		
	其他检查项目		

（二）相关标准

50GF康明斯柴油发电机组单机发配电操作的相关技术参数，见表5-2。

表5-2　50GF康明斯柴油发电机组单机发配电操作的主要技术参数

项　目		技　术　要　求
启动前检查	柴油	油质清澈、无异味，油量充足
	机油	油质合格、无刺激味，液位位于网格线之间
	防冻液	清澈、无异味，液位高于散热芯片 10～15mm
运行参数	油压	额定转速时不低于 207 kPa；　怠速时不低于 69 kPa
	水温	60～100 ℃
	转速	额定转速 1500 r/min；大于 1800 r/min，超速保护报警
	三相电压	额定电压为 400 V；大于 440 V，过压保护报警；小于 360 V，欠压保护报警
	额定电流	90.2 A
	频率	50 Hz

六、任务结束工作

（1）将柴油发电机组复位，清洁实习场所。

（2）清点整理工具，擦拭干净后放回工具柜。

七、任务实施注意事项

（1）严格遵守操作规程和实习安全规则，注意人身和装备安全。

（2）机组必须空载启动，严禁带载启动。

（3）机组运行期间，严禁断开蓄电池开关和脚踏开关。

八、任务实施心得与体会

内容参见附录A。

九、任务实施效果评估

内容参见附录B。

任务5-2　双机并车发配电操作

一、任务目标

（1）了解柴油发电机组的双机手动并车发配电操作内容。

（2）掌握典型机组双机手动并车发配电操作方法。

二、任务器材及设备

（一）实习用装设备

1.75GF康明斯柴油发电机组（带有HGM6510型发电机组控制器，如图5-15）

（a）

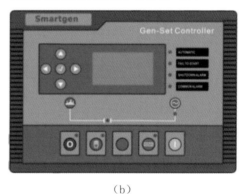
（b）

图5-15　75GF康明斯柴油发电机组

2.切换屏（三波P60-400A.G01控制柜，如图5-16）

图5-16　切换屏

3.配电屏（三波P70-400A.G01控制柜，如图5-17）

图5-17 配电屏

（二）实习用工量具

1.密度计（图5-18）

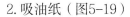

2.吸油纸（图5-19）

图5-18 密度计

图5-19 吸油纸

三、任务内容

（1）并车前的准备与检查。

（2）开机、并车与供电。

（3）供电运行巡检。

（4）断电、解列与停机。

（5）关机后检查。

四、任务实施步骤及要点

（一）并车前的准备与检查

1. 检查配电屏所有供电断路器，确保处于分闸状态。

2. 检查切换屏的开关，确保"工作方式选择"开关处于"手动"位置、"自动程序选择"开关处于"平时1"位置，如图5-20所示。

提示：该切换屏中"自动程序选择"开关处于"平时1"位置表示：1号机为主用电源，2号机为备用电源。

图5-20 切换屏的选择开关

3. 检查确认两个机旁控制柜柜门关闭严实、周围无杂物。

4. 按照本项目"任务5-1 单机发配电操作"中的"开机前检查"项目，完成两台并车机组的开机前检查。

5. 识读HGM6510发电机组自动控制器（后简称"控制器"）的操作面板，如图5-21所示。

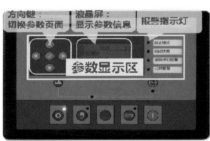

提示：结合HGM6510发电机组控制器的使用说明书，熟悉其控制面板的各个按键。

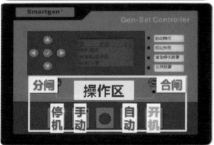

图5-21 HGM6510发电机组自动控制器界面

（二）开机、并车与供电

1.启动1号机组

（1）按下控制器操作区的"手动模式"按键，再按下"启动"按键，如图5-22所示。

图5-22　手动模式启动柴油机

（2）操作控制器参数显示区的方向按键，切换至油压界面，检查确认机组机油压力正常，如图5-23所示。

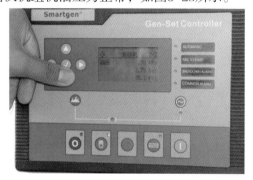

图5-23　检查确认柴油机机油压力

（3）切换控制器至"发电机"界面，等待机组"怠速延时"和"暖机延时"完成，转速升至为1 500 r/min、频率为50 Hz，电压为400 V时，按下操作区的"合闸"按键，如图5-24所示，机组向控制柜供电。

2.启动2号机组

问：康明斯6BT5.9柴油机怠速和全速的机油压力分别有什么要求？

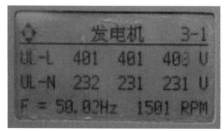

图5-24　合闸供电

（1）重复1号机组的操作步骤启动2号机组。

（2）操作控制器参数显示区的方向按键，切换至"同步指示"界面，待同步信息："电压差""频率差"和"相位差"等满足并车条件后，如图5-25所示，按下机组加载按键。

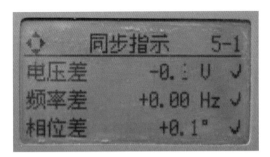

图5-25　同步指示信息

问：两台机组实现并车的条件是什么？

3. 并车供电

（1）将两台机组机旁控制箱上的"保护"开关拨到"投入"，如图5-26所示。

问：发电机组的保护功能一般包括哪些？

图5-26　投入"保护"开关

（2）在P60-400A. G01切换屏上将"电压测量选择"切换到"多机"，"多机有电"指示灯亮，如图5-27所示。

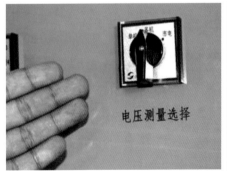

图5-27　切换"电压测量选择"开关

（3）在P60-400A.G01切换屏上通过"电压电流测量选择"开关检查三相电压，如图5-28所示。

图5-28　检查三相电压

（4）在P60-400A.G01切换屏上依次按下"多机供电"和"电站供电"按钮，如图5-29所示。

批注及提示：

图5-29　切换屏合闸输出

提示：在进行负载供电保障前，注意做好与用电方的沟通，防止供电不当发生安全意外！

（5）P70-400A.G01配电屏得电后，根据需要按下各用电负荷对应的绿色"输出合闸"开关向负载供电，如图5-30所示。

图5-30　配电屏向负载供电

（三）供电运行巡检

方法内容与"任务1单机发配电操作"中的"运行巡检"相同。

（四）断电、解列与停机

1. 按下P70-400A.G01配电屏上的红色"输出分闸"按钮（图5-22），切断供电负载。

2. 分别将两台发电机组的机旁控制箱的"保护"开关切换至"切除"，如图5-23所示。

图5-31　切除保护开关

3. 依次按下2台机组控制器操作区的"分闸"和"停机"按键，关闭2台机组，如图5-31所示。

（五）关机后检查

方法内容与本项目"任务1 单机发配电操作"中的"关机后检查"相同。

五、任务书和相关标准

（一）任务书

根据小组分工，组织开展75GF康明斯柴油发电机组双机并车的发配电操作，并完成表5-3。

表5-3 双机并车发配电操作记录表

项　目			检查结果登记	异常情况处理
开机前检查	柴油			
	机油			
	防冻液			
	其他检查项目			
运行参数检查	1号机组	油压		
		油温		
		水温		
		转速		
		频率		
	2号机组	油压		
		油温		
		水温		
		转速		
		频率		
	三相电压			
	三相电流			
	功率因数			
关机后检查	1号机组机组运行总时间			
	2号机组机组运行总时间			
	油水的渗漏情况			
	其他检查项目			

（三）相关标准

75GF康明斯柴油发电机组双机并车发配电操作的并车条件，见表5-4，其余的相关技术参数标准与单机发配电操作一致，可参见表5-2。

表5-4　75GF康明斯柴油发电机组双机并车发配电操作的并车条件

项　目	技 术 要 求
两台机组并车条件	输出电压幅值相等、频率相同、初相位相同、波形和相序一致

六、任务结束工作

（1）将柴油发电机组复位，清洁实习场所。

（2）清点整理工具和器材，擦拭干净后放回工具柜。

七、任务实施注意事项

（1）严格操作规程和实习安全规则，注意人身和装备安全。

（2）机组必须空载启动，严禁带载启动。

八、任务实施心得与体会

内容参见附录A。

九、任务实施效果评估

内容参见附录B。

任务5-3 电源车的开设与撤收

一、任务目标

（1）了解电源车开设与撤收的主要内容。

（2）掌握电源车开设与撤收的操作流程和实施方法。

二、任务器材及设备

（一）实习用装设备

电源车（配套工作车），如图5-32所示。

5-32 电源车

（二）实习用工量具

1.密度计（图5-33）   2.吸油纸（图5-34）

5-33 密度计   5-34 吸油纸

三、任务内容

（1）电源车的开设。

（2）机组的发配电操作。

（3）电源车的撤收。

四、任务实施步骤及要点

（一）电源车的开设

1.下达科目、布置任务，如图5-35所示。

图5-35 下达训练科目

科目：电源车的开设

分工：1号手负责开电源车舱门、开设电源车地钉和机组的启动前检查；2、3号手负责电缆线的连接；4号手负责开工作车的舱门以及地钉开设。

2.复述口令

科目下达完毕后，1号手下达"开始开设"口令，2、3、4号手复述口令，同时全体人员迅速散开实施任务。

3.任务实施

1号手（1）开设电源车千斤顶，如图5-36所示。

（a）取下千斤顶固定插销　　　（b）顺时针旋转使千斤顶升起

图5-36 开设千斤顶

批注及提示：

提示：任务开展以组为单位，4人一个小组，按号手分工，协同完成任务。

提示：1号手兼小组指挥员，负责整队，按"科目+分工"的方式布置任务。

1号手（2）架好梯子，打开电源车舱门，如图5-37所示。

（a）取梯子 （b）开方舱

图5-37 打开方舱舱门

1号手（3）把电源车接地，如图5-38所示。

（a）连接电源车接地端子

问：电源车接地电阻
标准值是多少？

（b）布地线 （c）打地钉

图5-38 电源车接地

1号手（4）进行柴油发电机组的启动前检查，参照本项目中的"任务5-1单机发配电操作"实施。

2、3号手连接电缆，如图5-39所示。

（a）放电缆　　　　　　　　（b）拉布电缆

（c）接电源车主输出端接头　　（d）接工作车电源输入接头

图5-39　接电缆

4号手打开工作车的舱门，开设工作车地钉，如图5-40所示。

（a）连接工作车接地端子　　（b）将地钉敲入大地

图5-40　开设工作车地钉

开设完毕后，按4-3-2-1号手的顺序，各号手依次传递"完成"手势，如图5-41所示。

批注及提示：

提示：电缆线必须全部摊开，电缆连接要保持牢固可靠。

图5-41 传递完成手势

（二）机组的发配电操作

> 1号手：机组启动前检查完毕，请求开机！
>
> 教员：开机！
>
> 1号手：是！

1号手（1）踩下脚踏开关，同时按下启动按钮和扭子开关，启动柴油发电机组，如图5-42所示。

（a）踩下脚踏开关　　　　（b）按下启动开关

图5-42 启动柴油发电机组

1号手（2）将机组由"怠速"切换至"全速"，如图5-43所示。

图5-43 "全速"切换

1号手（3）切换三相电压换相转换开关，检查发电电能质量，如图5-44所示。

图5-44 检查发电电能质量

1号手（4）将对应机组的（过欠压）保护开关由"切除"切换到"投入"，如图5-45所示。

图5-45 投入机组保护

1号手（5）将机旁控制柜的主输出合闸，如图5-46所示。

图5-46 合闸供电

1号手：机组开机正常，供电输出合格，请求供电！

教员：开始供电！

> 1号手：供电完毕，请示加载！
>
> 教员：4号手准备加载！
>
> 4号手：是！

提示：合闸后，1号手向教员请示加载。

4号手（1）打开工作车负载开关（如方舱照明灯，或者空调等）。检查确认负载供电正常。

> 4号手：加载完毕，设备用电正常！
>
> 教员：好！

提示：4号手向教员汇报设备用电情况。

（任务结束，准备卸载停机……）

> 教员：任务结束，4号手准备卸载！
>
> 4号手：好！

提示：任务结束，先由教员下达卸载指令。

4号手（2）切断所有负载电源开关。

> 4号手：卸载完毕！
>
> 教员：1号手准备断电停机！
>
> 1号手：是！

提示：4号手汇报卸载情况。

1号手：分闸主输出，将机组保护开关切换到"切除"，将机组由全速切换到怠速运行1~3 min，拨动启停扭子开关至"停机"位置，如图5-47所示。最后，踢除脚踏开关，断开直流启动电源。

（a）切除保护　　　　（b）停机

图5-47　断电停机

> 1号手：电源关机完毕，请求撤收！
>
> 教员：可以撤收！

提示：关好机后，1号手向教员请示撤收。

1号手：全体人员，站前集合！

（三）电源车的撤收

1.下达科目，布置撤收分工。

科目：电源车的撤收。

分工：1号手负责电源车的舱门关闭以及地钉撤收；2、3号手负责电缆的撤收；4号手负责工作车的舱门关闭以及地钉撤收。

提示：1号手下达撤收科目，并明确分工。

2.复述口令

1号手下达""开始撤收"，2、3、4号手复述口令，同时全体人员迅速散开实施任务。

3.具体实施

1号手回收电源车接地线，撤收千斤顶，关闭电源车方舱舱门，回收梯子，如图5-48所示。

  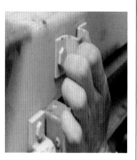

（a）撤千斤顶　　　　（b）关舱门　　　　（c）收梯子

图5-48　撤收电源车

提示：收放电缆时，要做好接头的防尘工作，不得把电缆头放地上随意拖动。

2、3号手回收电缆，两人协力把电缆整齐盘至电缆卷车中，如图5-49所示。

图5-49　盘收电缆

4号手撤收工作车地钉，关闭工作车的舱门。

（任务结束！）

提示：任务完成后，1号手组织全体组员集合，并对任务完成情况进行讲评。

五、任务书和相关标准

（一）任务书

根据小组的任务分工，完成表5-5。

表5-5 电源车的开设和撤收任务单

小组分配号手编号	主要任务	任务总结与反思

（二）相关标准

电源车开设与撤收技能训练的具体标准，参见表5-6，其中机组操作部分的技能标准可参见表5-2。

表5-6　电源车开设与撤收的技能标准

序号	项　　目	技　术　要　求
1	科目下达与任务讲评	声音宏亮，表述清楚流畅，语言简练
2	组织实施	军容严整，组织有序，行动迅速，配合默契
3	机组的操作	严格按照单机发配电操作的具体操作规程实施
4	电缆布线	横平竖直，拐直角弯

六、任务结束工作

（1）将实习用装备车辆复位，清洁实习场所。

（2）清点整理工具器材和仪表，擦拭干净后放回工具柜。

七、任务实施注意事项

（1）严守训练场所纪律，严禁嬉笑打闹，注意人身和装备安全。

（2）严格遵守操作规程，注意号手间的协同配合。

八、任务实施心得与体会

内容参见附录A。

九、任务实施效果评估

内容参见附录B。

项目六　柴油发电机组的维护保养

任务6-1　空气滤清器的维护

一、任务目标

（1）了解空气滤清器的结构组成。

（2）掌握柴油发电机组空气滤清器的维护方法。

二、任务器材及设备

（一）实习用装设备

1.75GF康明斯柴油发电机组（图6-1）

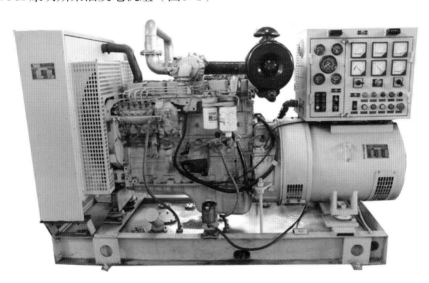

图6-1　75GF康明斯柴油发电机组

2. 空气压缩机（图6-2）

图6-2　空气压缩机

3. 工作台（图6-3）

图6-3　工作台

（二）实习用器材

1. 空气滤清器主滤芯（图6-4）

图6-4　空气滤清器主滤芯

2. 空气滤清器安全滤芯（图6-5）

图6-5　空气滤清器安全滤芯

（三）实习用工具

1. 扳手（图6-6）

图6-6　扳手

2. 一字螺丝刀（图6-7）

图6-7　一字螺丝刀

3. 吸油纸（图6-8）

图6-8　吸油纸

三、任务内容

（1）拆解空气滤清器。

（2）清洗空气滤清器。

（3）组装空气滤清器。

四、任务实施步骤及要点

批注及提示：

（一）拆解空气滤清器

1.用手拧松外壳蝶形螺母，取下滤清器盖，如图6-9所示。

图6-9 拆滤清器盖

2.拧松主滤芯螺母，取出主滤芯和塑料导流罩，如图6-10所示。

提示：安全滤芯一般不拆、不清洗，到期直接更换！

（a）拆紧固螺母　　（b）取滤芯

图6-10 拆取主滤芯和导流罩

3.用螺丝刀拧松滤清器蘑菇头进气管卡箍螺栓，将蘑菇头进气管取下，如图6-11所示。

图6-11 拆滤清器蘑菇头进气管

4.将拆解的所有零件在工作台上摆放整齐。

（二）清洗空气滤清器

1.用吸油纸将滤清器外壳、蘑菇头进气管和导流罩等擦拭干净，如图6-12所示。

2.用压缩空气按照"从里向外、由上而下"的顺序吹洗主滤芯，如图6-13所示。

（a）擦拭滤清器内壁　　（b）擦拭蘑菇头进气管

图6-12　清洗空气滤清器

图6-13　吹洗主滤芯

（三）组装空气滤清器

与拆解顺序相反，将清洁好的导流罩、主滤芯和蘑菇头进气管等零件依次装回发电机组。

五、任务书和相关标准

（一）任务书

根据任务分工，完成表6-1。

表6-1　空气滤清器的维护

项　目	内　容
空气滤清器类型（勾选）	A. 干式滤清器　　　B. 湿式滤清器
滤清器的过滤方式（勾选）	A. 惯性法　　　B. 油浴法　　　C. 过滤法
空气滤清器的外观检查情况	
空气滤清器的结构组成（清单）	
吹洗滤芯时，空压机显示压力值（MPa）	

（二）相关标准

75GF康明斯柴油发电机组的空气滤清器维护的主要技术要求，见表6-2。

表6-2　康明斯B系列柴油机空气滤清器维护的主要技术参数

项　目	技　术　要　求
空气滤清器清洁周期	每个月或者每工作 100 ～ 200 h
空气滤清器滤芯更换周期	吹洗 5 ～ 6 次后，或者每半年，更换主滤芯，同时更换安全滤芯
空压机吹洗滤芯最大压力值	689 kPa

六、任务结束工作

（1）将柴油发电机组复位，清洁实习场所卫生。

（2）清点整理工具，擦拭干净后放回工具柜。

七、任务实施注意事项

（1）安全滤芯不可拆，也无须清洗，损坏或者过脏直接更换即可。

（2）空气压力适当，吹洗方向由里向外、自上而下。

（3）主滤芯安装螺母不可拧得过紧，防止滤芯变形。

八、任务实施心得与体会

内容参见附录A。

九、任务实施效果评估

内容参见附录B。

任务6-2　燃油滤清器的维护

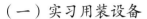

一、任务目标

（1）了解燃油滤清器的结构组成。

（2）掌握燃油滤清器的维护方法。

二、任务器材及设备

（一）实习用装设备

75GF康明斯柴油发电机组如图6-14所示。

6-14　75GF康明斯柴油发电机组

（二）实习用器材

1.油水分离器（图6-15）

图6-15　油水分离器

2.柴油滤清器（图6-16）

图6-16　柴油滤清器

（三）实习用工具

1.滤清器扳手（图6-17）　　2.机油壶(含干净机油)（图6-18）　　3.吸油纸（图6-19）

图6-17　滤清器扳手

图6-18　机油壶(含干净机油)

图6-19　吸油纸

4.柴油桶(含干净柴油)（图6-20）　　　　5.不锈钢油盆（图6-21）

图6-20　柴油桶(含干净柴油)

图6-21　不锈钢油盆

三、任务内容

（1）拆卸旧燃油滤清器。

（2）安装新燃油滤清器。

（3）安装后检验。

四、任务实施步骤及要点

（一）拆卸旧燃油滤清器

1.用滤清器扳手将机组上的油水分离器、柴油滤清器依次拆下，如图6-22所示。

 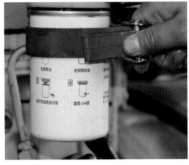

（a）拆油水分离器　　　　（b）拆柴油滤清器

图6-22　拆旧燃油滤清器

2.将拆下的旧滤清器（含内外密封圈），放在提前准备好的不锈钢油盆中统一处理。

（二）加装新燃油滤清器

1.检查确认新的滤清器为合格品。

2.将新的柴油滤清器灌满干净柴油，即柴油液面加到刚好漫过滤清器周围的进油孔为止，如图6-23所示。

图6-23　加灌柴油

3. 给滤清器外密封圈上一层机油，用手涂均匀，如图6-24所示。

批注及提示：

（a）涂机油　　　　　　（b）手抹均匀

图6-24　拆旧燃油滤清器

问：滤清器外密封圈涂抹机油有什么作用?

4. 将新的燃油滤清器内密封圈套入滤清器座，如图6-25所示。

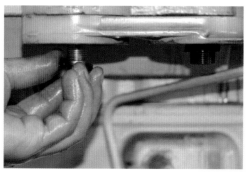

图6-25　装内密封圈

将柴油滤清器装入滤清器座。先用手拧，直到密封圈和座接触时，再用滤清器扳手上紧至规定圈数，如图6-26所示。

提示：最终上紧的圈数参照滤清器表面的安装说明。

（a）用手初步拧上　（b）用滤清器扳手最终拧紧

图6-26　上紧柴油滤清器

5.按照安装燃油滤清的方法，依次装好油水分离器，如图6-27所示。

图6-27 装油水分离器

6.用吸油纸将滤清器表面擦拭干净，如图6-28所示。

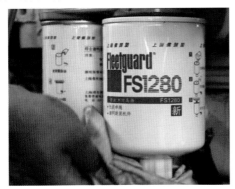

图6-28 擦拭滤清器表面

（三）安装后检验

按压手油泵，排除油路空气，并检查确认滤清器与滤清器座结合处无漏油、无漏气，如图6-29所示。

图6-29 检验燃油滤清器的安装情况

五、任务书和相关标准

（一）任务书

根据任务分工，完成表6-3。

表6-3　燃油滤清器的维护

项　目	内　容
旧油水分离器型号	
旧柴油滤清器型号	
新油水分离器型号	
新柴油滤清器型号	
燃油滤清器的过滤方式（勾选）	A. 惯性法　　　　B. 油浴法　　　　C. 过滤法
更换油水分离器 动作要领	
更换燃油滤清器 动作要领	

（二）相关标准

75GF康明斯柴油发电机组的燃油滤清器的更换周期，见表6-4。

表6-4　康明斯B系列柴油机燃油滤清器的更换周期

项　目	技 术 要 求
燃油滤清器的更换周期	每半年或者每工作 250 h

六、任务结束工作

（1）将柴油发电机组复位，清洁实习场所。

（2）清点整理工具，擦拭干净后放回工具柜。

七、任务实施注意事项

（1）严格操作规程和实习安全规则，注意人身和装备安全。

（2）旧柴油和旧滤清器不可随意丢弃，防止污染环境。

（3）新的燃油滤清器要先灌柴油，再在密封圈涂抹机油，不可将柴油和机油混淆。

八、任务实施心得与体会

内容参见附录A。

九、任务实施效果评估

内容参见附录B。

任务6-3　机油滤清器的维护

一、任务目标

（1）了解机油滤清器的结构组成。

（2）掌握机油滤清器的维护方法。

二、任务器材及设备

（一）实习用装设备

75GF康明斯柴油发电机组如图6-30所示。

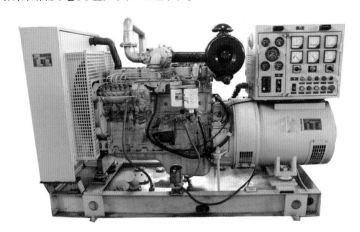

6-30　75GF康明斯柴油发电机组

（二）实习用器材

1.柴油机机油（图6-31）

6-31　柴油机机油

2.机油滤清器（图6-32）

6-32　机油滤清器

（三）实习用工具

1. 滤清器扳手（图6-33）

6-33 滤清器扳手

2. 机油壶(含干净机油)（图6-34）

6-34 机油壶(含干净机油)

3. 吸油纸（图6-35）

6-35 吸油纸

4. 套装工具（图6-36）

6-36 套装工具

5. 专用盘车工具（图6-37）

6-37 专用盘车工具

6. 不锈钢油盆（图6-38）

6-38 不锈钢油盆

三、任务内容

（1）放旧机油。

（2）更换机油滤清器。

（3）加新机油。

四、任务实施步骤及要点

（一）放旧机油

1.启动机组，把机组预热至水温60 ℃左右。

2.停机，用扳手打开油底壳放油螺栓，把所有旧机油放干净，如图6-39所示。

问：放机油前，为何要对机组进行预热？

（a）拧松放油螺栓　　　　　（b）放旧机油

图6-39　放机油

（二）更换机油滤清器

1.用滤清器扳手卸下旧的机油滤清器，如图6-40所示，并小心将旧滤清器放入废油油盆，集中处理。

图6-40　拆机油滤清器

提示：加注机油时，要边检查机油液位，防止机油添加过多，或者过少。

2.将新滤清器加满机油，如图6-41所示。

图6-41　加灌新机油

3.在密封圈上用手涂上一层机油，如图6-42所示。

图6-42　滤清器密封圈涂抹机油

4.将机油滤清器装入滤清器座。

先用手拧到密封圈和座接触时，再用滤清器扳手上紧至规定圈数，如图6-43所示。

（a）用手初步拧上　（b）用滤清器扳手最终拧紧

图6-43　上紧机油滤清器

5.用吸油纸将滤清器表面擦拭干净，如图6-44所示。

图6-44　擦拭滤清器表面

批注及提示：

提示：最终上紧的圈数参照滤清器表面的安装说明。

（三）加新机油

1. 打开机组机油加注口盖子，将适量的同品牌、同型号的新机油从加机油口灌入油底壳，如图6-45所示。

（a）打开加油口　　　（b）缓慢加油

图6-45　加注新机油

2. 待油底壳被冲涮干净后，拧紧放油螺栓，一边缓慢加注机油，一边检查油底壳油量，待机油液面接近机油尺网格上刻线为止，如图6-46所示。

（a）取机油尺　　　　（b）检查机油尺液位

图6-46　检查机油加注量

3. 放回机油尺，拧紧机油加油口盖，用吸油纸将机组表面油渍擦拭干净。

4. 手动盘车，如图6-47所示，检查确认机油滤清器无漏油。

（a）盘车　　　　　（b）检查机油滤清器渗油

图6-47　检查机油滤清器安装情况

批注及提示：

问：如何识别机油的牌号？

五、任务书和相关标准

（一）任务书

根据任务分工，完成表6-5。

表6-5 机油滤清器的维护

项　　目	内　　容
选用新机油品牌	
选用新机油型号	
机油滤清器型号	
滤清器过滤方式（勾选）	A. 惯性法　　　　B. 油浴法　　　　C. 过滤法
机油滤清器维护要领	

（二）相关标准

75GF康明斯柴油发电机组的机油滤清器维护的主要技术要求，见表6-6。

表6-6 康明斯B系列柴油机机油滤清器维护的主要技术参数

项　　目	技 术 要 求
机油滤清器、机油的更换周期	每半年或者每工作250h
机油牌号选用规定	环境温度高于-5 ℃，CF4/15W-40及以上；环境温度低于-5 ℃，CF4/10W-30及以上

六、任务结束工作

（1）将柴油发电机组复位，清洁实习场所。

（2）清点整理工具，擦拭干净后放回工具柜。

七、任务实施注意事项

（1）严格操作规程和实习安全规则，注意人身和装备安全。

（2）滤清器扳手的使用要规范，不可将滤清器拧的过紧或者变形。

八、任务实施心得与体会

内容参见附录A。

九、任务实施效果评估

内容参见附录B。

任务6-4　喷油器的维护

一、任务目标

（1）了解喷油器的结构组成。

（2）掌握喷油器维护的方法和步骤。

二、任务器材及设备

（一）实习用装设备

1.75GF康明斯柴油发电机组（图6-48）

图6-48　75GF康明斯柴油发电机组

2.工作台（图6-49）

图6-49　工作台

（二）实习用器材

康明斯B系列柴油机喷油器如图6-50所示。

图6-50　康明斯B系列柴油机喷油器

（三）实习用工具仪表

1.喷油器校验仪（图6-51）　　2.套装工具（图6-52）　　3.力矩扳手（图6-53）

图6-51　康明斯B系列柴油机喷油器　　图6-52　套装工具　　图6-53　力矩扳手

4.不锈钢油盆（图6-54）　　5.铜丝刷（图6-55）　　6.毛刷（图6-56）

图6-54　不锈钢油盆　　　　图6-55　铜丝刷　　　　图6-56　毛刷

7.台虎钳（图6-57）

图6-57　台虎钳

三、任务内容

（1）喷油器的拆卸与初校验。

（2）喷油器的分解。

（3）喷油器的清洗与组合。

（4）喷油器的调试与安装。

四、任务实施步骤及要点

（一）喷油器的拆卸与初校验

1.先用开口扳手拆卸连接喷油器的高压油管和回油管接头；再用套筒扳手拧松紧固螺栓；最后将待维护喷油器从机组上取出，如图6-58所示。

（a）拆连接油管　　　（b）松紧固螺栓　　　（c）取喷油器

图6-58　拆卸喷油器

提示:喷油器取出后,要注意用干净抹布堵住喷油器安装孔,防止灰尘进入气缸。

2.将喷油器连接到校验仪中进行初校验，如图6-59所示。

图6-59　初校喷油器

如果初校验不合格，就需要分解调试。

问:初校喷油器是否合格的标准是什么?

（二）喷油器的分解

1.将喷油器倒立夹持在台虎钳上，如图6-60所示。

图6-60　夹持喷油器

注意:只能夹持喷油器壳体的两个平切面。

2. 用扳手拧松喷油器紧帽，从台虎钳上取下喷油器，依次取下喷油器紧帽、针阀偶件、接合座、顶杆、调压弹簧、调整垫片和壳体，如图6-61所示，并按从左至右的顺序整齐摆放在工具台上。

批注及提示：

图6-61　分解喷油器

（三）喷油器的清洗与组装

1. 先观察针阀头部积炭情况，若积炭严重，先用铜丝刷清除积炭，再疏通喷孔，如图6-62所示。

图6-62　清除积炭

2. 将针阀偶件浸泡在不锈钢油盆的清洗油液中，按照"边旋转，边抽拉"的方法清洗针阀偶件内部，如图6-63所示。

图6-63　清洗针阀偶件内部

针阀偶件清洗好后，要进行滑动性试验，检验清洗质量。

试验方法：将清洗干净的针阀偶件垂直放置，然后在垂直的位置上抽出针阀全长的1/2长度，转动任意角度后松开针阀，若针阀能依靠自身的重量自由滑落到阀座上为合格，若在滑落的过程中出现阻滞现象，则视为不合格。

3. 按照"先精密，后普通；先内部，后外部"的顺序，依次完成接合座、顶杆、调压弹簧、调整垫片、紧帽和壳体的清洗。

4. 与分解的顺序相反，依次将调整垫片、调压弹簧和顶杆装入喷油器壳体内。

根据"定位销和进油孔分别对齐"的条件，连接壳体、接合座和针阀偶件。

5. 用手将紧帽拧入喷油器体到不能拧动为止，如图6-64所示。

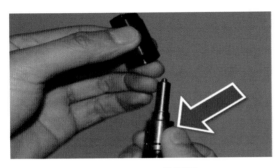

图6-64 用手装紧帽

6. 将喷油器倒立夹持在台虎钳上，用扳手拧紧紧帽，如图6-65所示，完成喷油器的组装。

图6-65 拧紧紧帽

（四）喷油器的调试与安装

1. 将喷油器安装在校验仪上，快速按压手柄至喷油器喷油，如图6-66所示。

图6-66 按压校验仪喷油

批注及提示：

2. 再次缓慢按压校验仪手柄，观察记录喷油器的启喷压力值，如图6-67所示。

（a）不合格　　　　（b）合格

图6-67　检查喷油压力

如果需要调整启喷压力，通过选择不同厚度的调整垫片来实现。

> 康明斯B系列柴油机喷油器的调整垫片厚度有30种规格，分别为1.00mm，1.04mm，1.08mm，1.10mm，1.14mm，1.18mm，1.20mm，1.24mm，1.28mm，1.30mm，1.34mm，1.38mm，1.40mm，1.44mm，1.48mm，1.50mm，1.54mm，1.58mm，1.60mm，1.64mm，1.68mm，1.70mm，1.74mm，1.78mm，1.80mm，1.84mm，1.88mm，1.90mm，1.94mm，1.98 mm，可根据需要进行选择。

3. 再次按压校验仪手柄，观察雾化情况，如图6-68所示。

图6-68　检查雾化

4. 观察喷油器漏泄情况。

将喷油器擦拭干净，压动手柄至压力达到80%启喷压力时，停留5 s左右，观察喷油器是否有漏油现象，如图6-69所示。

（a）喷孔漏油　　（b）紧帽结合处漏油

图6-69　检查滴漏

5.将启喷压力合格、雾化良好，且无滴漏的喷油器装回机组。

五、任务书和相关标准

（一）任务书

1. 下图是某康明斯6BT5.9柴油机维护时，校验其中4个喷油器的压力值，请分别读取其数值，并对其启喷压力进行判断，完成表6-7。

表6-7　喷油器启喷压力检验表

图　示				
压力值 / MPa				
压力是否合格				

2. 根据你所维护的喷油器，完成表6-8。

表6-8　喷油器维护记录单

项　　目	维护前			维护后
	检查结果	是否合格	不合格原因及对策	检查结果
启喷压力 /MPa				
雾化情况				
滴漏情况				

（二）相关标准

75GF康明斯柴油发电机组喷油器维护的技术要求，见表6-9。

表6-9　康明斯B系列柴油机喷油器维护的主要技术参数

项　目	技　术　要　求
维护周期	每两年或者每工作1 500 h
启喷压力标准值	24.5～25.3 MPa
校验合格的标准	启喷压力合格、雾化良好、无滴漏

六、任务结束工作

（1）将柴油发电机组复位，清洁实习场所。

（2）清点整理工具、量具，擦拭干净后放回工具柜。

七、任务实施注意事项

（1）遵守实习安全规则，工作时要注意人身、工具和装备安全。

（2）注意遵守实习场所纪律，不做与实习无关的事情。

（3）注意把工作台面的油渍擦拭干净，恢复实作场所完整到位。

八、任务实施心得与体会

内容参见附录A。

九、任务实施效果评估

内容参见附录B。

任务6-5　气门间隙的检查与调整

一、任务目标

（1）了解柴油机气门间隙的检查与调整要求。

（2）掌握气门间隙的检查和调整的方法要领。

二、任务器材及设备

（一）实习用装设备

75GF康明斯柴油发电机组如图6-70所示。

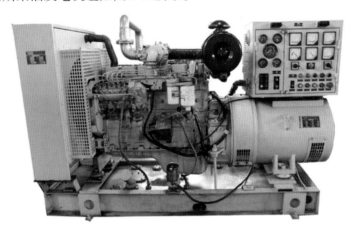

图6-70　75GF康明斯柴油发电机组

（二）实习用工量具

1.专用盘车工具（图6-71）　　2.套装工具（图6-72）　　3.塞尺（图6-73）

图6-71　专用盘车工具

图6-72　套装工具

图6-73　塞尺

批注及提示：

三、任务内容

（1）气门间隙的检查。

（2）气门间隙的调整。

四、任务实施步骤及要点

（一）气门间隙的检查

1.取下气缸盖罩

用开口扳手拧松气缸盖罩螺钉，取下气缸盖罩。

2.确定第一缸压缩冲程上止点

用专用盘车工具盘车，同时用手指通过正时销孔探摸凸轮轴齿轮上的定位孔槽，确定第一缸压缩冲程上止点，如图6-74所示。

（a）盘车　　　（b）正时销孔（定位孔槽）　　（c）摸索定位孔槽

图6-74　盘车确定第一缸上止点

提示：盘车时，也可用专用正时销确定一缸压缩上止点。

3.检察气门

确定此时可以检查的气门，如表6-10所示。

气缸	1	2	3	4	5	6
气门	进、排	进	排	进	排	不可调

4.检查气门间隙

根据柴油机气门间隙标准值，用相应规格塞尺逐一检查，如图6-75所示。

图6-75　检查气门间隙

如果检查的间隙值不正确，就需要进行调整，使其符合标准。

（二）气门间隙的调整

1.用扳手将锁紧螺母（图6-76）拧松。

图6-76　气门间隙示意图

2.用一字螺丝刀调节调整螺钉，同时用塞尺检查气门间隙，到塞尺移动时感到有轻微阻力时为止，如图6-77所示。

图6-77　调节调整螺钉

提示：顺时针拧调整螺钉，调小气门间隙；逆时针拧，调大气门间隙。

3.调整好后，用扳手将调整螺钉上的锁紧螺母拧紧。

4.复查调整后的气门是否符合标准。如不符合，重复步骤1~3。

5.在曲轴和机体上做个标记，如图6-78所示。

图6-78　做标记

6.再盘车一圈，检查调整剩余全部气门的气门间隙，如表6-11所示。

表6-11 剩余可检查调整的气门

气缸	6	5	4	3	2	1
可调气门	进、排	进	排	进	排	不可调

五、任务书和相关标准

（一）任务书

1.查阅资料，补充完成康明斯6BT5.9柴油机的工作顺序表6-12。

表6-12 康明斯6BT5.9柴油机工作顺序表

曲轴转角		气 缸					
		1	2	3	4	5	6
第一个半圈（0°～180°）	60° 120°	作功					
第二个半圈（180°～360°）	240° 300°	排气					
第三个半圈（360°～540°）	420° 480°	进气					
第四个半圈（540°～720°）	600° 660°	压缩					
气缸工作顺序：1—5—3—6—2—4							

2.根据你所检查调整的气门间隙过程，完成表6-13。

表6-13 气门间隙检查调整记录表

检测气门		调整前		调整后	
		间隙值/mm	是否合格	间隙值/mm	是否合格
1缸	进气门				
	排气门				
2缸	进气门				
	排气门				
3缸	进气门				
	排气门				
4缸	进气门				
	排气门				
5缸	进气门				
	排气门				
6缸	进气门				
	排气门				

（二）相关标准

75GF康明斯柴油发电机组的气门间隙检查与调整的主要技术要求，见表6-14。

表6-14 康明斯B系列柴油机气门间隙检查与调整的主要技术参数

项　　目	技　术　要　求
气门间隙的检查周期	每年或者每工作500 h
气门间隙的检查条件	冷态下，气门关闭时
排气门间隙标准值	0.50±0.05 mm
进气门间隙标准值	0.25±0.05 mm

六、任务结束工作

（1）将柴油发电机组复位，清洁实习场所。

（2）清点整理工具、量具，擦拭干净后放回工具柜。

七、任务实施注意事项

（1）遵守实习安全规则，工作时要注意人身、工具和装备安全。

（2）注意实习场所的课堂纪律，不做与实习无关的事情。

（3）盘车时要注意安全，盘车工具用完后务必要取出，切记不可遗忘滞留在机组上。

八、任务实施心得与体会

内容参见附录A。

九、任务实施效果评估

内容参见附录B。

项目七　柴油发电机组的参数调整

任务7-1　柴油机运行参数的调整

一、任务目标

（1）了解转速控制器的作用和面板组成。

（2）掌握转速控制器的参数调整方法。

二、任务器材及设备

（一）实习用装设备

75GF康明斯柴油发电机组如图7-1所示。

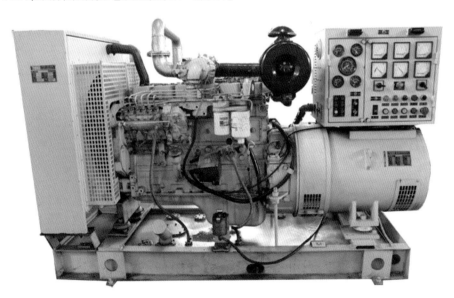

图7-1　75GF康明斯柴油发电机组

（二）实习用器材

ESD5500E型转速控制器如图7-2所示

图7-2　ESD5500E型转速控制器

（三）实习用工具仪表

1.套装螺丝刀（图7-3）　　　　　　　　2.万用表（图7-4）

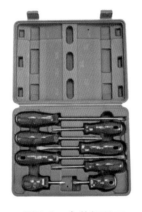

图7-3　套装螺丝刀

图7-4　万用表

三、任务内容

（1）ESD5500E型转速控制器的认识。

（2）ESD5500E型转速控制器的调整。

四、任务实施步骤及要点

（一）ESD5500E型转速控制器的认识

ESD5500E型转速控制器，如图7-5所示，由GAC公司研制生产，它在调速电路中的实际接线如图7-6所示。

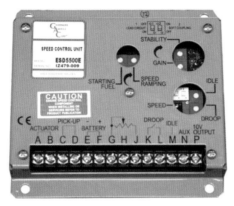

图7-5 ESD5500E转速控制器外形图

问：同步发电机是如何与柴油机相连接的？

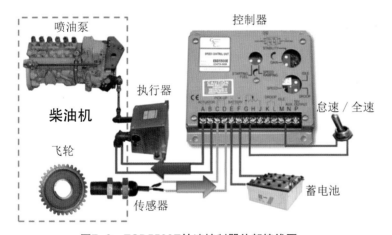

图7-6 ESD5500E转速控制器外部接线图

工作中，ESD5500E型转速控制器通过对传感器测试转速信号与给定速度信号的比较处理和运算，控制输出电流，改变ADB225执行器（图7-7）联动杆的摆动角度，进而改变供油量，调整转速。

发电与供电专业实训指导书

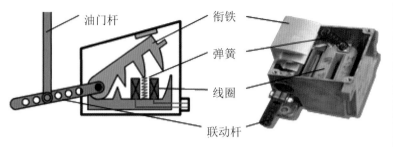

图7-7 ADB225执行器

ESD5500E型转速控制器面板上有14个端子，如图7-8所示，其具体名称和功能分别为：

A、B：执行器输出端子（ACTUATOR），向直流比例执行器输出控制电流；

C、D：转速传感器输入端子（PICK-UP），柴油机转速信号从该端子接入；

E、F：电源输入端子（BATTERY），E（－）、F（+24V）；

G、（H）、J：转速微调电位器接入端子，端子G接控制器内部零电平点；

K、L：转速降选择端子（DROOP），用短路线短接时电子调速器工作在有转速降状态；

M：怠速输入端子（IDLE），该端子输入低电平时，转速控制在怠速750~1 000 r/min；

批注及提示：

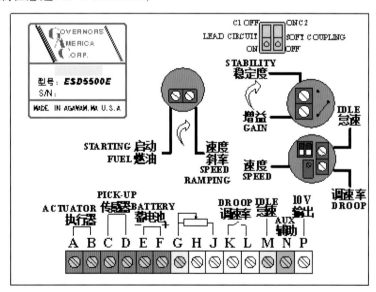

图7-8 ESD5500E型转速控制器面板

170

N：辅助输入端子（AUX），可接其他模块对机组的控制；

P：10 V电压输出端子。

（二）ESD5500E型转速控制器的调整

1.启动前检查

（1）检查接线情况

检查确认控制器端子接线正确，并拆去控制器连接执行器的端子接线，测量执行器（图7-9）的电阻，如阻值正常，将这两根电线碰触电瓶正负极，执行器应"啪"的一声推至最大油量位置，断电时"啪"的一声回到零油量位。

提示：执行器内有A－B和C－D两组线圈，两组线圈电阻串联共约5 Ω。

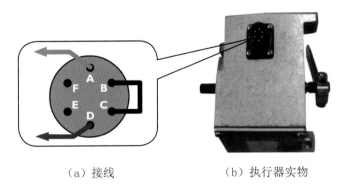

（a）接线　　　　（b）执行器实物

图7-9　ADB225执行器的接线

（2）检查油泵齿条工作情况

用手拨动喷油泵马蹄形手柄，如图7-10所示，检查油泵齿条工作情况，要求齿条自由活动且没有阻力。

图7-10　手动检查油泵齿条

2.运行参数调整

通过调整ESD5500E转速控制器各个功能电位器，如图7-7所示，调整柴油机的启动燃油量、速度斜坡、怠速转速和额定转速等运行参数。

（1）启动燃油的调整（SRARTING FUEL电位器）。此电位器设定柴油机启动供油量的大小。初始为中间位置，顺时针增加启动供油量，逆时针调整减小启动供油量。

（2）速度斜坡的调校（SPEED RAMPING电位器）。此电位器设定柴油机从启动速度转换至额定速度的快慢。初始为中间位置，顺时针调整，延长转换时间（最慢约20 s）；逆时针调整，缩短转换时间。

（3）怠速转速的整定（IDLE电位器）。此电位器设定发动机的怠速。顺时针调整，转速升高；逆时针调整，转速降低。

（4）额定转速的整定（SPEED 电位器）。此电位器设定柴油机的额定转速。在出厂时大约调整在1 500 r/min，顺时针调整，转速升高；逆时针调整，转速降低。

3.运行性能调整

调整转速控制性能的电位器是增益（GAIN）和稳定度（STABILITY），如图7-11所示。

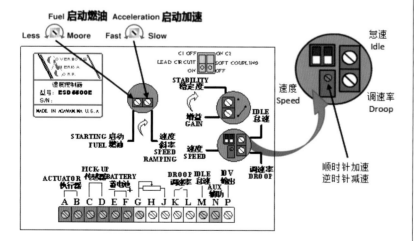

图7-11 ESD5500E型转速控制器功能参数调节

（1）增益的调整（GAIN电位器）。开始时调整在中间位置，启动及调好设定的转速后，将电位器慢慢顺时针调整至柴油机不稳定，再慢慢逆时针调整至柴油机运行稳定，再进一步逆时针旋转增益电位器5~10°以确定稳定性能。

（2）稳定度的调整（STABILITY 电位器）。开始时调整在中间位置，启动及调好设定的转速后，将稳定度电位器慢慢顺时针调整至柴油机不稳定，再慢慢逆时针调整至柴油机运行稳定，再进一步逆时针旋转稳定度电位器5°~10°以确定稳定性能。

五、任务书和相关标准

（一）任务书

启动运行一台75GF康明斯柴油发电机组，调整其转速控制器，并完成表7-1。

表7-1　ESD5500E型转速控制器的调整

序号	调整项目	初始位置	调整变化幅度	机组参数变化情况
1				
2				
3				
4				

（二）相关标准

ESD5500E型转速控制器主要功能电位器的调整方法与技术标准，见表7-2。

表7-2　ESD5500E型转速控制器的参数调整方法与标准

项　目	技　术　要　求
STARTING FUEL-启动燃油	先顺时针调整至最大，然后逐步回调至合适位置
SPEED RAMPING-速度斜率	根据环境温度调节，通常为居中位置
IDLE-怠速转速	900~1 000 r/min
SPEED-全速转速	1 500 r/min

六、任务结束工作

（1）将实作装设备复位，清洁实习场所。

（2）清点整理工具、仪表，擦拭干净后放回工具柜。

七、任务实施注意事项

（1）遵守实习安全规则，严守实习场所的课堂纪律，不做与实习无关的事情。

（2）使用电工仪表和工具检查调整参数时，方法要正确得当，特别是带电操作过程，要特别注意用电安全，防止触电事故发生。

八、任务实施心得与体会

内容参见附录A。

九、任务实施效果评估

内容参见附录B。

任务7-2　发电机运行参数的调整

一、任务目标

（1）掌握电压调节器的调整方法。

（2）掌握发电机组控制器的参数设置及调整方法。

二、任务器材及设备

（一）实习用装设备

1.75GF康明斯柴油发电机组(带DTW5型电压调节器)如图7-12所示

图7-12　75GF康明斯柴油发电机组(带DTW5型电压调节器)

2.75GF康明斯自动化柴油发电机组（带HGM6510型机组控制器）如图7-13所示

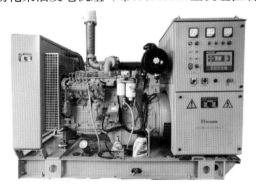

图7-13　75GF康明斯自动化柴油发电机组

（二）实习用器材

1. DTW5型电压调节器（图7-14）

图7-14　DTW5型电压调节器

2. HGM6510型机组控制器（图7-15）

图7-15　HGM6510型机组控制器

（三）实习用工具仪表

1. 套装螺丝刀（图7-16）

图7-16　套装螺丝刀

2. 万用表（图7-17）

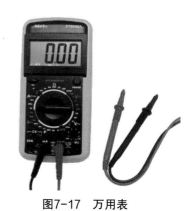

图7-17　万用表

三、任务内容

（1）DTW5型电压调节器的调整。

（2）HGM6510型机组控制器的设置及调整。

四、任务实施步骤及要点

（一）DTW5型电压调节器的调整

DTW5是一种晶闸管型电压调节器，通过调节励磁电流来控制交流无刷发电机输出电压，其外形如图7-18所示。

（a）斜视图　　　　（b）后视图

图7-18　DTW5型电压调节器外形图

问：DTW5的7、8端子有何作用？

DTW5型电压调节器与同步发电机的线路连接如图7-19所示。

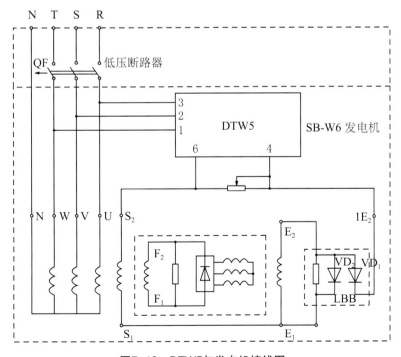

图7-19　DTW5与发电机接线图

1. 输出电压的调节

输出电压调节电位器位于DTW5的正面，如图7-20所示。它能使发电机空载电压在±10%额定电压范围内调节并整定。

使用一字螺丝刀进行调整，顺时针调整电压升高，逆时针调整电压降低。

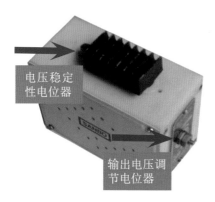

图7-20　DTW5型电压调节器可调电位器

2. 电压稳定性的调整

电压稳定性调整电位器位于DTW5的顶部，如图7-10所示。

同样使用一字螺丝刀进行调整，调整时从不稳定（振荡）调整到稳定，再继续调整10°左右，以保持一定的稳定余量。

（二）HGM6510型机组控制器的设置及调整

1. 频率的调整

通过外接电位器或直接调整转速控制器ESD5500E的"SPEED"电位器，使柴油机的转速在1 500 r/min，从而设置额定频率为50 Hz。

2. 电压的调整

通过外接电位器或直接调整电压调节器的电压调节电位器，使发电额定电压设置为400 V。

3. 其他参数的配置

参数配置可在控制器上或电脑软件中进行，其中控制器上可直接设置的参数有56项，其中常用的设置参数见表7-3。

批注及提示：

问：发电机组的输出额定电压是多少？

提示：DTW5电压稳定性调整电位器一旦整定好，以后尽量少调整。

表7-3　HGM6510型机组控制器参数配置项目表

参数名称	整定范围	默认值	备　注
01 低油压阈值（警告）	1 ～ 999 kPa	124 kPa	返回值：138 kPa
02 低油压阈值（停机）	0 ～ 997 kPa	103 kPa	停机值＜警告值＜返回值
03 高温度阈值（警告）	81 ～ 139 ℃	90 ℃	返回值：88 ℃/190 °F
04 高温度阈值（停机）	82 ～ 140 ℃	95 ℃	停机值＞警告值＞返回值
05 开机延时	0 ～ 9 999 s	5 s	定时器
06 起动时间	3 ～ 60 s	8 s	定时器
07 开机怠速时间	0 ～ 3 600 s	10 s	定时器
08 暖机时间	0 ～ 3 600 s	30 s	定时器
09 停机延时	0 ～ 9 999 s	30 s	定时器
10 散热时间	0 ～ 3 600 s	60 s	定时器
11 停机怠速时间	0 ～ 3 600 s	10 s	定时器
12 得电停机时间	0 ～ 120 s	2 s	定时器
13 等待停稳延时	10 ～ 120 s	30 s	定时器
14 发电欠压阈值（警告）	50 ～ 1 300 V	196 V	带载值：207 V 停机值＜警告值＜带载值
15 发电欠压阈值（停机）	50 ～ 1 300 V	184 V	欠压停机值
16 发电过压阈值（警告）	50 ～ 1 300 V	265 V	返回阈值：253 V
17 发电过压阈值（停机）	50 ～ 1 300 V	273 V	停机值＞警告值＞返回值
18 发电欠频阈值（警告）	0.1 ～ 74.9 Hz	42.0 Hz	带载值：45.0 Hz 停机值＜警告值＜带载值
19 发电欠频阈值（停机）	0 ～ 74.8 Hz	40.0 Hz	欠频停机值
20 发电过频阈值（警告）	0.1 ～ 74.9 Hz	55.0 Hz	返回阈值：52.0 Hz
21 发电过频阈值（停机）	0.2 ～ 75.0 Hz	57.0 Hz	停机值＞警告值＞返回值
22 飞轮齿数	10 ～ 500 齿	118 齿	
23 欠速阈值（警告）	1 ～ 5 999 r/min	1350 r/min	带载阈值：1 380 r/min 停机值＜警告值＜带载值
24 欠速阈值（停机）	0 ～ 5 998 r/min	1270 r/min	欠速停机值
25 超速阈值（警告）	1 ～ 5 999 r/min	1650 r/min	返回阈值：1 620 r/min
26 超速阈值（停机）	2 ～ 6 000 r/min	1710 r/min	停机值＞警告值＞返回值
27 超速过冲百分比	0 ～ 10%	10	模拟数值
28 电池欠压阈值（警告）	0 ～ 39.9 V	8.0 V	返回值：9.0 V
29 口令设置	0 ～ 9999	1234	数值

批注及提示：

控制器上配置参数可分三步进行：

（1）进入主界面

控制器通电后，先按下◎键不放松，然后再按下✓键，则进入参数配置口令确认界面。

按▲键或▼键输入对应位的口令值0～9，按◀键或▶键进行位的左移或右移，在第四位上按✓键，进行口令校对，口令正确则进入参数主界面，如图7-21所示，口令错误则直接退出。

提示：出厂默认口令为：1234，此口令用户可修改。

（a）输入密码　　　　　　　　　（b）确认输入

图7-21　进入参数设置界面

（2）设定参数

按▲键与▼键可进行参数配置上下翻屏操作，在当前的配置参数屏下按✓键，则进入当前参数配置模式，当前值的第一位反黑显示，按▲键与▼键进行该位数值调整，如图7-22所示，按◀键或▶键进行移位，最后按✓键确认该项设置。

图7-22　调整配置参数

（3）返回主界面

完成配置后，按键，如图7-23所示，回到主显示界面。

图7-23　完成参数配置

五、任务书和相关标准

（一）任务书

启动运行一台配置有DTW5型电压调节器和HGM6510型机组控制器的康明斯柴油发电机组，并完成表7-4和表7-5。

表7-4　DTW5型电压调节器的调整

序号	调整项目	初始位置	调整变化幅度	机组参数变化情况
1				
2				
3				
4				
5				

表7-5　HGM6510型机组控制器的参数配置

序号	调整项目	初始位置	调整变化幅度	机组参数变化情况
1				
2				
3				
4				
5				
6				

（三）相关标准

DTW5型电压调节器参数调整标准和方法，见表7-6。

表7-6　DTW5型电压调节器的参数调整

项　目	技 术 要 求
额定电压	400 V
空载电压	±10%额定电压范围内
电压稳定性的调节	调节"稳定电位器"顺时针从不稳定（振荡）调整到稳定，再继续调整10°左右

六、任务结束工作

（1）将实作装设备复位，清洁实习场所。

（2）清点整理工具，擦拭干净后放回工具柜。

七、任务实施注意事项

（1）严格遵守实训场所纪律，严禁嬉笑打闹。

（2）严格遵守操作规程，严防人员、装备的安全事故。

（3）调整参数，动作要轻微；配置参数时，数值要合理，不可损伤调整电位器和机组。

八、任务实施心得与体会

内容参见附录A。

九、任务实施效果评估

内容参见附录B。

附　　录

附录A　任务实施心得与体会

（一）通过本次实习，学到的技能和知识点有：

1. _____。

2. _____。

3. _____。

4. _____。

（二）通过本次实习，不理解的地方有：

1. _____。

2. _____。

3. _____。

4. _____。

（三）对本次实习课的意见或建议有：

1. _____。

2. _____。

3. _____。

4. _____。

附录B 任务实施效果评估表

评价内容		评价类型		
评价项目	评价标准	学员自评	小组评价	教员评价
专业素养（15）	军容严整，作风优良			
	爱护实作装设备、工量具及仪表			
	及时复位操作台面			
专业技能（40）	操作内容完整			
	操作过程规范			
	操作结论正确			
任务完成（30）	严格遵守实作纪律			
	任务书填写规范完整			
合作能力（15）	保质保量完成分配任务			
	热心协助、帮助他人			
得分				
总评 优（90～100）、良（80～89） 中（60～79）、差（0～59）				

附录C　康明斯B系列柴油发电机组维护保养规程

等　级	序　号	保 养 项 目
A级保养		一、日维护（每日或者累计工作8 h）
	1	检查机油（油质、油量）
	2	检查燃油（油量）
	3	检查冷却液（水质、水量）
	4	检查发电机组（仪表、开关、传感器等）
	5	油水分离器放水（大约半纸杯的量）
	6	检查并消除柴油机三漏（油、水、气）
	7	检查工作情况（日报表/值班登记本）
	8	打扫机组周围（方舱）卫生
		二、周维护（每周或者累计工作50 h）
		完成日维护全部项目
	9	检查驱动皮带（裂纹、打滑情况）
	10	检查柴油机风扇（裂纹、变形和紧固情况，特别是塑料的风扇）
	11	检查空气滤清器（外观、卡箍、积尘杯）
	12	擦拭机组及附属设备外表
	13	带载运行30 min（对于以市电为主的备用发电机组必须要带载运行）
		三、月维护（每月或者累计工作100 h）
		完成周维护全部项目
	14	清洁空气滤清器（主滤芯、外壳、导流罩）
	15	检查清洁配电箱内部（导线的连接情况、电源充电系统）
	16	检查进气系统（橡胶软管、卡箍）
	17	检查蓄电池（电解液密度和量）
	18	检查发电机风扇（裂纹）
	19	检查清洁发电机进、排风口
	20	排出排气管冷凝水
B级保养		四、半年维护（每半年或者累计工作250 h）
		完成月维护全部项目
	21	更换空气滤清器芯
	22	更换机油滤清器、更换机油（热机至油温60 ℃左右）
	23	更换燃油滤清器
	24	清洁柴油机呼吸口
	25	检查冷却系统（管路裂纹、卡箍有无松脱）
	26	检查机组螺钉（紧固情况）

附录C（续表）

等　级	序　号	保 养 项 目
		五、年维护（每年或者累计工作 500 h）
		完成半年维护全部项目
C 级保养	27	更换机组皮带
	28	检查调整气门间隙
	29	检查皮带张紧轮
	30	清洁冷却系统
	31	检查电机绝缘电阻（不得低于 0.5 MΩ）
		六、两年维护（每两年或者 1 500 h）
D 级保养		完成年维护全部项目
	32	检查校验喷油器
	33	更换机组节温器
	34	更换防冻液

附录D　HGM6510用户手册

（一）控制器背面板

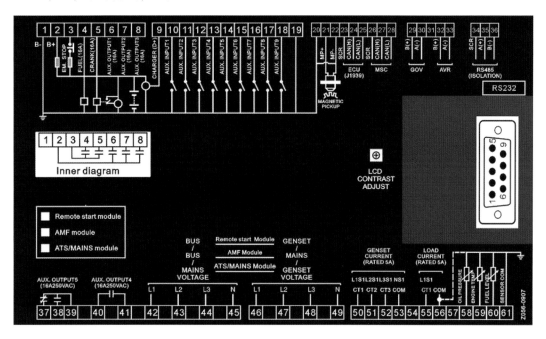

（二）控制器端子号的描述

端子号	功能	备注
1	直流工作电源输入负极	
2	直流工作电源输入正极	
3	紧急停车输入	
4	燃油继电器输出	
5	启动继电器输出	
6	可编程继电器输出口1	用于合闸控制
7	可编程继电器输出口2	用于分闸控制
8	可编程继电器输出口3	用于故障报警的输出
10	可编程输入口1	
11	可编程输入口2	机组断路器合闸反馈位的输入，接地有效
12	可编程输入口3	机组保护切除的输入，接地有效
13	可编程输入口4	机组遥控开机信号的输入，接地有效
14	可编程输入口5	自动模式的输入，接地有效

（续表）

端子号	功能	备注
15	可编程输入口 6	手动模式的输入，接地有效
16	可编程输入口 7	机组复位信号的输入，接地有效
17	可编程输入口 8	
18	可编程输入口 9	
19	公共地（B−）	
21	转速传感器输入	
22	转速传感器输入	
26	MSC 屏蔽线	用 120 欧带屏蔽通信线将要并联的所有机组的 HGM6510 控制器并接在一起。
27	MSC（H）	
28	MSC（L）	
29	GOV 调速线 B（+）	转速调节
30	GOV 调速线 A（−）	
32	AVR 调压线 B（十）	电压调节
33	AVR 调压线 A（−）	
34	RS485 屏蔽地	与切换屏的通信信号
35	RS485+（A）	
36	RS485−（B）	
37		
38	可编程输出口 5	用于怠全速的控制
39		
40	可编程输出口 4	用于发电有效的输出
41		
42	母线 A 相电压监视输入	
43	母线 B 相电压监视输入	
44	母线 C 相电压监视输入	
45	母线 N 线输入	
46	发电机组 A 相电压监视输入	
47	发电机组 B 相电压监视输入	
48	发电机组 C 相电压监视输入	
49	发电机组 N 线输入	
50	电流互感器 A 相监视输入	
51	电流互感器 B 相监视输入	
52	电流互感器 C 相监视输入	
53	电流互感器公共端	
58	温度传感器输入	连接温度传感器
59	机油压力传感器输入	连接压力传感器

（三）按键功能描述

开机键	在手动模式或手动试机模式下，按此键可以使静止的发电机组开始起动。
停机键	在发电机组运行状态下，按此键可以使运行中的发电机组解列停机；在发电机组报警状态下，按此键可以使报警复位；在停机模式下按此键3s以上，可以测试面板指示灯是否正常（试灯）；在停机过程中，再次按下此键，可快速停机
手动键	按下此键，可以将控制器置于手动模式
自动键	按下此键，可以将控制器置于自动模式
发电合闸键	在手动状态下，当并机模式有效时，按此键可将负载转移到其他机组，然后分闸；在并机模式无效时，按此键可使开关立即分闸
向上翻屏键	上翻屏操作。在参数配置模式下按此键可将参数值递加
向下翻屏键	下翻屏操作。在参数配置模式下按此键可将参数值递减
向左翻屏键	左翻屏操作。在参数配置模式下按此键可将参数值左移
向右翻屏键	右翻屏操作。在参数配置模式下按此键可将参数值右移
确认键	在参数配置模式下按此键可将参数值位确认

先按下停机键不放松然后再按下确认键，则进入参数配置口令，确认界面，按键向上翻屏键或向下翻屏键输入对应位的口令值0～9，按向左翻屏键键或向右翻屏键进行位的左移或右移，在第四位上按确认键，进行口令校对，口令正确则进入参数主界面，口令错误则直接退出。按向上翻屏键与向下翻屏键可进行参数配置上下翻屏操作，在当前的配置参数屏下按确认键则进行当前参数配置模式，当前值的第一位反黑显示，按向上翻屏键或向下翻屏键进行该位数值调整，按向左翻屏键或向右翻屏键进行移位，最后一位按确认键确认该项设置。

在参数配置界面，按停机键，可直接退出该界面，回到主显示界面。

（四）控制器的显示功能描述

控制器能显示转速、油压、冷却温度、电池电压、累计运行时间、起动次数、发电机相电压(L1-N，L2-N，L3-N)、发电机线电压（L1-L2，L2-L3，L3-L1)、发电机频率、发电机电流(L1，L2，L3)、发电机三相总有功功率、发电机三相总无功功率、发电机相序、母排相电压(L1-N，L2-N，L3-N)、母排线电压(L1-L2，L2-L3，L3-L1)、母线频率、母线相序等参数。

附录E 康明斯50GF-W6机组电路图

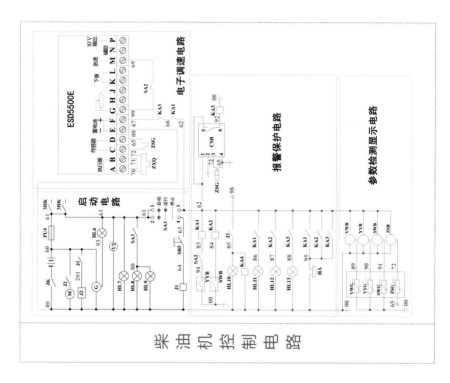

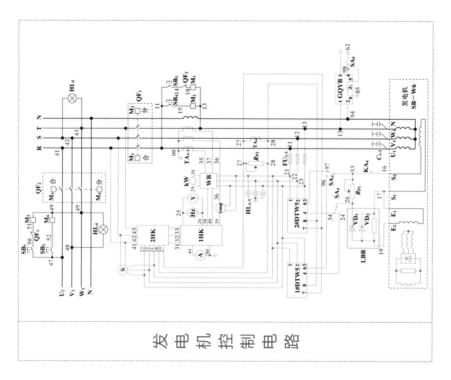

50GF—W6机组电气控制原理图

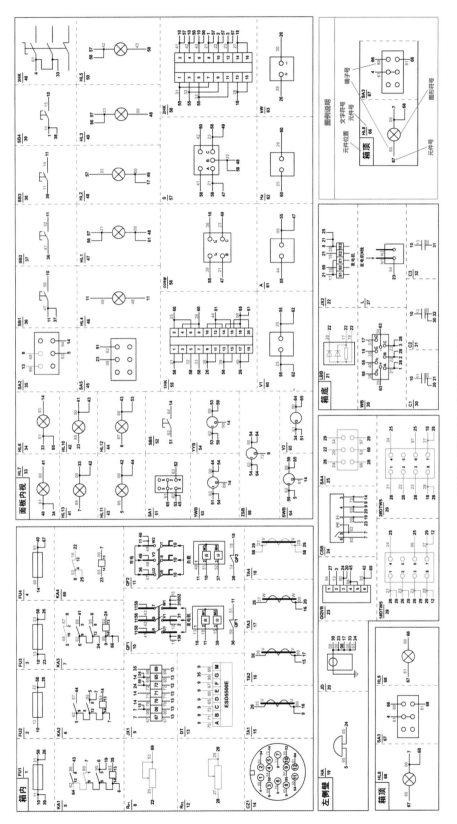

50GF-W6机组电气控制接线图

附录F 康明斯75GF-W6机组电路图

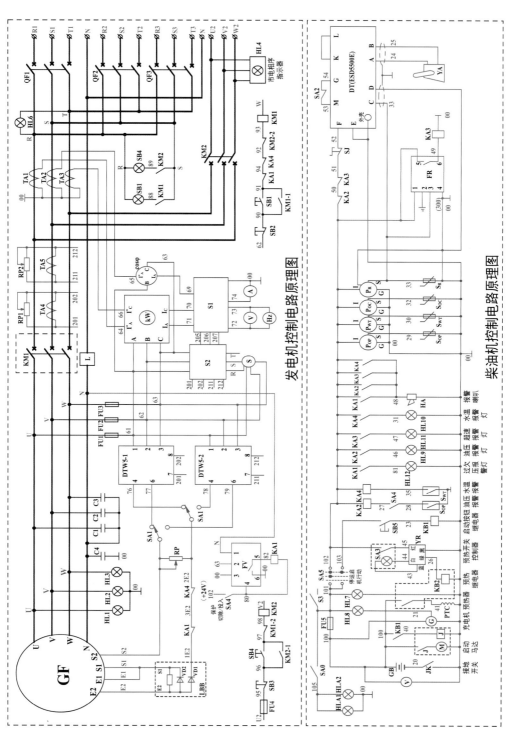

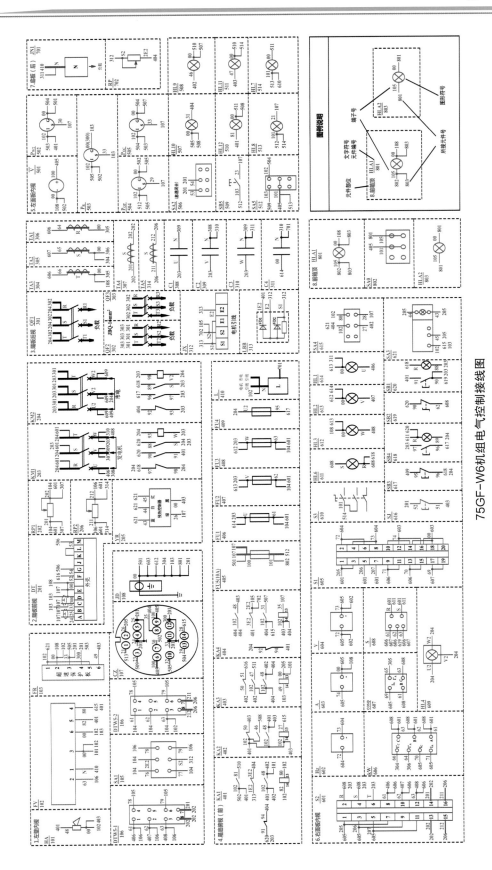

75GF-W6机组电气控制接线图

参 考 文 献

[1] 张振文. 电工手册[M]. 北京：化学工业出版社，2020.

[2] 蔡杏山. 图解电工快速入门与提高[M]. 北京：化学工业出版社，2018.

[3] 赵红顺，莫莉萍. 电机与电气控制技术[M]. 北京：高等教育出版社，2019.

[4] 吕梅蕾，叶虹. 供配电技术项目教程[M]. 北京：清华大学出版社，2017.

[5] 严健，杨贵恒，邓志明，等. 内燃机构造与维修[M]. 北京：化学工业出版社，2019.

[6] 吴延军，陈百利. 通信电源[M]. 北京：高等教育出版社，2018.